校企合作双元开发新形态信息化融媒体教材
数字媒体技术专业应用型人才培养实用教材

# 虚拟现实
## 与增强现实
## 开发实战

Virtual
Reality

主编　宫海晓　郭慧　唐梅

U0169576

西南交通大学出版社
·成　都·

图书在版编目（CIP）数据

虚拟现实与增强现实开发实战 / 宫海晓，郭慧，唐梅主编. 一成都：西南交通大学出版社，2023.8
校企合作双元开发新形态信息化融媒体教材　数字媒体技术专业应用型人才培养实用教材
ISBN 978-7-5643-9330-4

Ⅰ. ①虚… Ⅱ. ①宫… ②郭… ③唐… Ⅲ. ①虚拟现实 – 高等学校 – 教材 Ⅳ. ①TP391.98

中国国家版本馆 CIP 数据核字（2023）第 101209 号

校企合作双元开发新形态信息化融媒体教材
数字媒体技术专业应用型人才培养实用教材
Xuni Xianshi yu Zengqiang Xianshi Kaifa Shizhan
**虚拟现实与增强现实开发实战**

主　编/宫海晓　郭　慧　唐　梅

责任编辑 / 赵永铭
封面设计 / 墨创文化

西南交通大学出版社出版发行
（四川省成都市金牛区二环路北一段 111 号西南交通大学创新大厦 21 楼　610031）
发行部电话：028-87600564　　028-87600533
网址：http://www.xnjdcbs.com
印刷：四川煤田地质制图印务有限责任公司

成品尺寸　185 mm×260 mm
印张　16.5　字数　356 千
版次　2023 年 8 月第 1 版　　印次　2023 年 8 月第 1 次

书号　ISBN 978-7-5643-9330-4
定价　66.00 元

# 前　言

　　党的二十大报告指出，教育、科技、人才是全面建设社会主义现代化国家的基础性、战略性支撑。必须坚持科技是第一生产力、人才是第一资源、创新是第一动力，深入实施科教兴国战略、人才强国战略、创新驱动发展战略，开辟发展新领域新赛道，不断塑造发展新动能新优势。

　　随着计算机技术、电子信息技术、仿真技术的快速发展，虚拟现实（VR）、增强现实（AR）和混合现实（MR）的探索研究与应用进入更加广阔的领域，产业生态和业务形态越发多样，在医学模拟、军事航天训练、工业仿真、应急推演以及电子游戏等行业有广泛应用，带来了显著的社会效益，开启了人、计算机和环境之间自然且直观的3D交互。

　　Unity 3D是业界当前先进的VR/AR/MR 内容制作工具，由于其跨平台能力强、开发流程简便快捷受到开发者们的喜爱。从2005年诞生至今，Unity版本不断更新，功能越来越强大，已成为虚拟现实、增强现实、游戏开发等开发者的首选工具，其开发技术已经逐渐成为相关专业的学生以及从事混合现实开发研究的技术人员必须掌握的技术之一，也成为虚拟现实技术应用专业优选的教学内容。

## 本书具体内容

　　本书通过AR奇石、AR中草药、AR陶瓷、AR夜市、AR飞机5个AR案例和VR古镇、VR飞机、VR游乐园、VR太空、VR空间站5个VR案例，向读者全面阐述了AR/VR项目开发的全流程，并配备了详细的课程思政内容，非常适合具备Unity编程基础的读者学习。读者可以在短时间内学习书中介绍的所有方法并将其应用到自己的AR/VR项目中。

## 本书主要特点

　　（1）注重工程项目能力。

　　本书介绍了大量应用Unity 3D引擎开发的VR和AR实例，这些案例也是本书编写者参加完成的实际应用项目，读者可以直接借鉴使用。

（2）立体化配套资源丰富。

本书配备了大量的操作截屏及案例视频讲解，针对性强。通过典型的实例分析，帮助读者较快地掌握AR/VR的基本知识、方法、技术应用。本书配套源素材、工程文件、PPT课件、视频教程，视频教程可扫描相关内容二维码观看，其余资源可扫描各章配套资源二维码下载。

（3）强调理论结合实践。

本书以熟悉和掌握Unity 3D软件操作、VR/AR项目开发基本技能为目标，注重理论与实践相结合，把项目应用开发的技术过程贯穿在教学始终。突出实践的重要性，强调知识的扩展性，支持学习方法的多样性。

## 本书读者对象

本书主要面向广大从事虚拟现实应用开发设计的人员、从事虚拟现实应用设计教育的专职教师和计算机专业的学生等。

在本书的编写过程中，编者参阅和引用了大量专家和学者的书籍、文献以及网络资源，在此向所有资源的作者表示衷心的感谢。另外，蒙颖姗、林德永、岑知蔓、吴雅惠、黄艳芳、李燕青、卢杰、李培平、韦雨奇、莫欢婷、梁开亮、秦正旺等同学在本书的编写过程中也给予了大力协助和支持，在此向他们致以诚挚的谢意。

感谢成都西南交通大学出版社的大力支持，他们认真细致的工作保证了本书的出版质量。由于作者水平有限，书中难免存在疏漏和不足之处，恳请广大读者批评和指正。

编　者
2023年3月

# 本书数字资源

| 序号 | 名称 | 类型 | 页码 |
|------|------|------|------|
| 1 | 第1章配套资源 | 压缩文件 | 002 |
| 2 | 创建识别卡数据库 | 视频 | 003 |
| 3 | 创建摄像机 | 视频 | 004 |
| 4 | UI界面与交互 | 视频 | 006 |
| 5 | 动画 | 视频 | 013 |
| 6 | 特效 | 视频 | 017 |
| 7 | 音频播放 | 视频 | 018 |
| 8 | 生成与销毁 | 视频 | 020 |
| 9 | 旋转与缩放 | 视频 | 027 |
| 10 | 案例发布 | 视频 | 031 |
| 11 | 第2章配套资源 | 压缩文件 | 033 |
| 12 | 场景切换、退出 | 视频 | 034 |
| 13 | 摄像头及闪光灯切换 | 视频 | 036 |
| 14 | 截屏 | 视频 | 037 |
| 15 | 生成模型UI | 视频 | 040 |
| 16 | 视频播放 | 视频 | 042 |
| 17 | 旋转与缩放 | 视频 | 048 |
| 18 | 特效 | 视频 | 053 |
| 19 | 案例发布 | 视频 | 056 |
| 20 | 第3章配套资源 | 压缩文件 | 057 |
| 21 | 模型与简介生成 | 视频 | 058 |
| 22 | 生成特效 | 视频 | 063 |
| 23 | 销毁 | 视频 | 063 |
| 24 | 旋转与缩放 | 视频 | 066 |
| 25 | 截屏 | 视频 | 070 |
| 26 | 对焦、摄像头及闪光灯切换 | 视频 | 073 |
| 27 | 场景切换和退出软件 | 视频 | 076 |
| 28 | 案例发布 | 视频 | 078 |
| 29 | 第4章配套资源 | 压缩文件 | 080 |
| 30 | UI界面交互 | 视频 | 080 |
| 31 | 翻页效果 | 视频 | 085 |
| 32 | 播放视频与虚拟按钮控制视频播放 | 视频 | 089 |
| 33 | 纸片风场景生成 | 视频 | 092 |

| 序号 | 名称 | 类型 | 页码 |
|---|---|---|---|
| 34 | 生成烟火气特效 | 视频 | 093 |
| 35 | 漫游场景 | 视频 | 095 |
| 36 | 模型旋转与缩放 | 视频 | 101 |
| 37 | 模型长按消失 | 视频 | 104 |
| 38 | 模型的切换与交互 | 视频 | 105 |
| 39 | 案例发布 | 视频 | 111 |
| 40 | 第5章配套资源 | 压缩文件 | 112 |
| 41 | 单指旋转和双指缩放 | 视频 | 113 |
| 42 | 虚拟按钮 | 视频 | 115 |
| 43 | 模型出场动画和拆分动画 | 视频 | 119 |
| 44 | 飞机模型尾气特效和出场特效 | 视频 | 127 |
| 45 | AR手册 | 视频 | 127 |
| 46 | UI交互 | 视频 | 129 |
| 47 | AR手册第三、四页"虚拟立牌" | 视频 | 131 |
| 48 | 案例发布 | 视频 | 135 |
| 49 | 第6章配套资源 | 压缩文件 | 138 |
| 50 | 环境配置 | 视频 | 139 |
| 51 | 场景搭建 | 视频 | 141 |
| 52 | UI交互 | 视频 | 150 |
| 53 | 场景跳转 | 视频 | 153 |
| 54 | 移动 | 视频 | 155 |
| 55 | 背景音效 | 视频 | 157 |
| 56 | 案例发布 | 视频 | 158 |
| 57 | 第7章配套资源 | 压缩文件 | 160 |
| 58 | 场景搭建 | 视频 | 160 |
| 59 | 使用VRTK实现交互 | 视频 | 168 |
| 60 | 游乐项目的切换效果 | 视频 | 174 |
| 61 | 实现三个按钮的点击事件 | 视频 | 175 |
| 62 | 场景加载界面与场景加载 | 视频 | 177 |
| 63 | 场景返回 | 视频 | 178 |
| 64 | 案例发布 | 视频 | 179 |
| 65 | 第8章配套资源 | 压缩文件 | 181 |
| 66 | 场景搭建 | 视频 | 182 |
| 67 | UI制作 | 视频 | 184 |

# 目　录

## 第二部分　VR 实践案例

第一部分

# AR
## 实践案例

# 第1章  AR奇石

## 1.1 案例简介

本案例利用Unity增强现实技术实现以"奇石"为主题的图像识别。通过学习制作本案例，使开发者了解我国的奇石文化，增加对传统文化的认知，丰富民族文化的思想和内涵。

第 1 章配套资源

用户可以通过手机摄像机识别奇石图像，获取奇石模型，也可以通过手指触屏来实现奇石的缩放、旋转等功能。

本案例开发用到的所有素材，均可从本章配套资源下载，如图1-1所示。

| | | | |
|---|---|---|---|
| book.unitypackage | 2022/7/27 15:36 | Unity package file | 13,286 KB |
| Falling.unitypackage | 2022/7/25 16:29 | Unity package file | 17 KB |
| Images.unitypackage | 2022/11/5 20:51 | Unity package file | 858 KB |
| stones.unitypackage | 2022/7/27 16:05 | Unity package file | 96,666 KB |
| The Fading Stories-不再年轻的村庄.m... | 2022/7/23 20:15 | MP3 格式声音 | 2,034 KB |

图1-1

## 1.2 案例实现

### 1.2.1 素材准备

#### 1．模型素材

本案例制作需要用到奇石模型，点击资源包"stones.unitypackage"导入即可添加到项目中。

#### 2．音频素材

本案例制作需要用到的背景音乐素材，点击音频"The Fading Stories-不再年轻的村庄.mp3"导入即可添加到项目中。

#### 3．动画特效素材

本案例制作需要用到书翻页动画与飘叶特效素材，点击资源包"book.unitypackage"和"Falling.unitypackage"导入即可添加到项目中。

#### 4. 图像素材

本案例制作需要用到的奇石图像素材可从本章配套资源下载，点击资源包"Images.unitypackage"导入即可添加到项目中。

### 1.2.2　环境配置

#### 1. 创建识别卡数据库

进入vuforia官网，点击"Develop"，创建"TargetManager"用于处理要识别的图片。点击"Add Database"增加数据库，然后输入数据库名称，最后点击"Create"，如图1-2所示。

创建识别卡
数据库

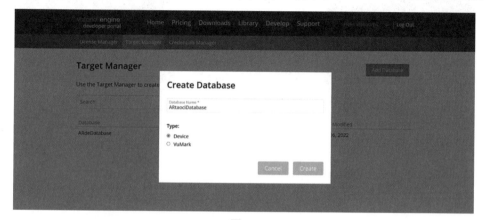

图1-2

添加扫描所需的图片。点击"Add Target"增加图片，Type选择"Single Image"，然后点击"Browse"按钮浏览所需图片，图片宽度"Width"设置为"1"，完成设置，点击"Add"即可完成识别卡的上传。重复以上操作直到完成剩余所有图片的上传，如图1-3所示。

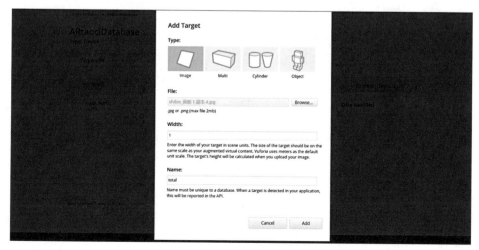

图1-3

下载数据库。选择我们导入的所有图片，点击"Download Database"，选择"Unity Editor"，然后点击"Download"即可完成数据库的下载，如图1-4所示。

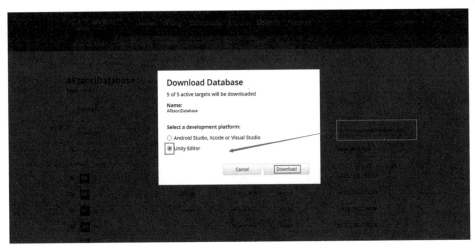

图1-4

将下载好的数据库导入Unity工程文件中，如图1-5所示。

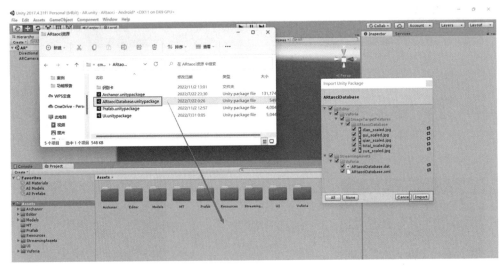

图1-5

## 2. 创建摄像机

首先需要新建一个"AR Camera"，用于调用AR设备的摄像机，负责真实世界的显示。在"Hierarchy"面板中，把原来的"Main Camera"删除，在"GameObject"—"Vuforia"中选择"AR Camera"，创建新的摄像机，如图1-6所示。

创建摄像机

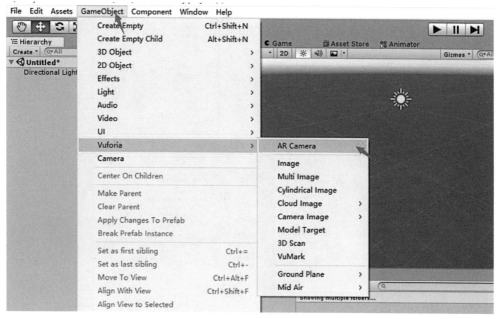

图1-6

点击Unity主目录中的"File"—"Build Settings"，本案例的运行平台是安卓端，需在"Platform"面板中选择"Android"选项，再点击"Switch Platform"转换，如图1-7所示。

图1-7

接着在"Platform"面板中，点击"Player Settings"，然后在出现的"PlayerSettings"面板中，选择"XR Settings"配置，勾选"Vuforia Augmented Reality Supported"选项，打开增强现实支持，如图1-8所示。

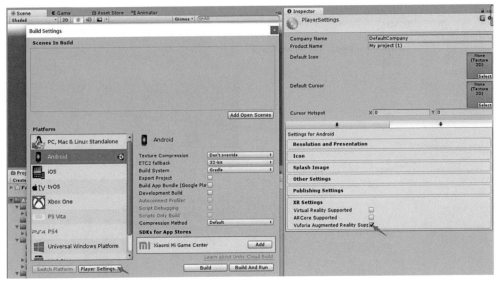

图1-8

在"Hierarchy"面板中，选择"AR Camera"对象，在其"Inspector"属性面板中点击"Open Vuforia Configuration"选项，进行Vuforia的设置：在"App License Key"中，将已申请好的App license复制到输入框中；在"Datasets"设置中，勾选之前导入的识别图片对象，如图1-9所示。

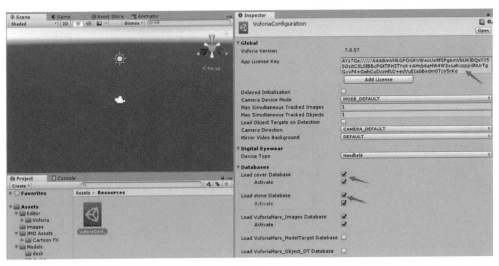

图1-9

### 1.2.3  功能实现

#### 1. UI界面与交互

首先创建一个UI控件，在菜单栏"GameObject-UI"中选择"Button"，创建后在"Hierarchy"面板中将创建出来的Canvas重命名为"huanglashiUI"，层级下的Button重命名为

UI界面与交互

"jianjie"，Button层级下的"Text"删除，完成后如图1-10所示。

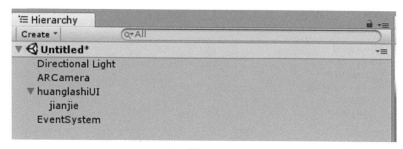

图1-10

在"Hierarchy"面板中选择"jianjie"对象，在其"Inspector"属性面板中设置位置和宽高，具体数值如图1-11所示。

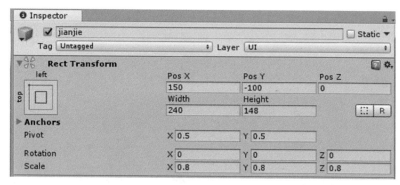

图1-11

在"Project"面板找到"1111"文件，将其拖曳至"Source Image"处，如图1-12所示。由于UI的素材图片为半透明，所以第一次使用需要在图片的"Inspector"属性面板中修改Texture Type为"Sprite(2D and UI）"。

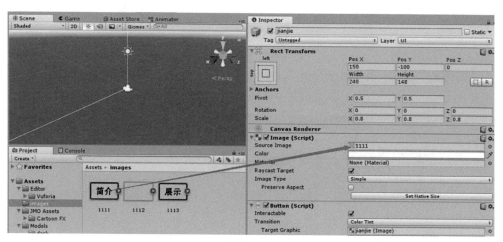

图1-12

在"Hierarchy"面板中选择"huanglashiUI"对象，鼠标右键，选择"UI"—"Image"，创建一个Image，将其重命名为"xianqing"，如图1-13所示。

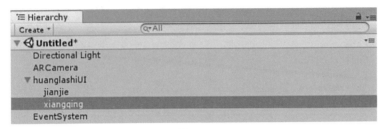

图1-13

在"Hierarchy"面板中选择"xiangqing"对象，修改其属性中的宽高，设置为650×400，在"Project"面板找到"1112"文件，将其拖曳至"Source Image"处，如图1-14所示。

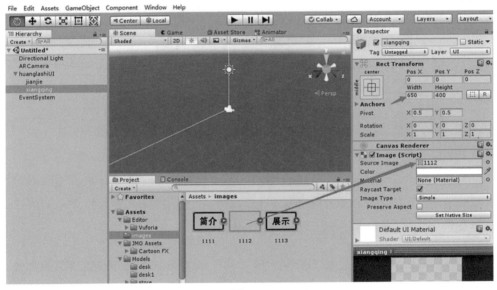

图1-14

创建文本对象。在"Hierarchy"面板中，选择"xiangqing"对象，鼠标右键，选择"UI"，选择"Text"，创建一个文本对象，如图1-15所示。

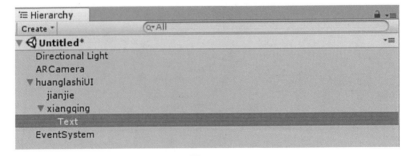

图1-15

在"Hierarchy"面板中选择"Text"对象，修改其位置和宽高，将文本内容（黄蜡石是观赏石，具备了"漏、透、瘦、皱"传统赏石要素。特别是黄蜡石中的晶蜡，石表凹凸不平，纹路纵横交错，有如"筋骨裸露"，观赏价值高，深受赏石爱好者欢迎。黄蜡石是水冲石，水洗度高，表皮光滑，蜡质感强，多数有一层温润的包浆，特别是致密度高的籽料手感好，用手抚摸犹如婴儿的皮肤，所以黄蜡石也有"玩皮"一说。纹理是观赏石的鉴评要素之一。）输入至"Text"处，字体大小设置为"25"，行间距"1.5"，字体颜色选择"RGB（16，12，0）"，完成后如图1-16所示。

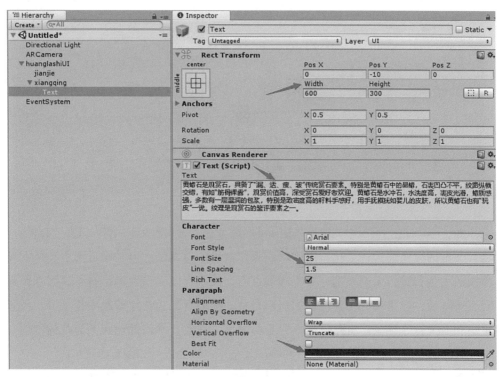

图1-16

制作另外三个奇石的简介UI。在"Hierarchy"面板中，选择"huanglashiUI"，复制三份，分别重命名为"laibinshiUI""dahuashiUI""caitaoshiUI"，如图1-17所示。

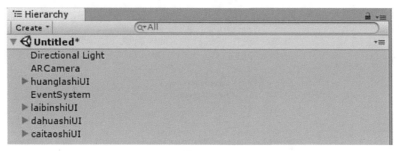

图1-17

在"Hierarchy"面板中，选择"laibinshiUI"对象，修改其文本内容。选择"Text"，将其文本内容修改为"来宾黑石主要产于广西红水河河段。红水河从西向东横贯兴宾区境，共流经11个乡镇（占兴宾区总乡镇的二分之一）长达162公里。沿河是溶岩地带，河床中沉积着大量各种岩石砾块。红水河来宾河段，河床狭窄，弯多滩险，水落差大，流急砂多，对河床中的岩石砾块不断地搬运、翻滚、撞击、磨蚀，从而造就了各种各样的奇石。"完成后如图1-18所示。

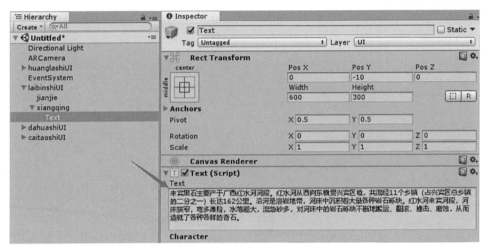

图1-18

在"Hierarchy"面板中，选择"dahuashiUI"对象，修改其文本内容。选择"Text"，将其文本内容修改为"大化石产于广西大化县境内的岩滩水电站附近河段，从开发出来的大化石看，无论大到一二十吨的巨石，或小到二三十克的小石子，无不都具有石质坚硬，硅化或玉化程度高；石形奇特，千姿百态；花纹图案变化无穷；色彩艳丽和谐悦目等特色。由此可见大化石的风雅、气质、神韵都达到了非凡的境地，它一露面便轰动广西，誉满中华，影响遍及全球。"完成后如图1-19所示。

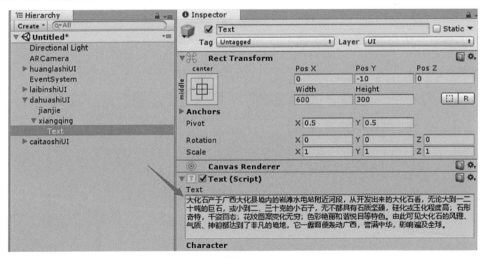

图1-19

在"Hierarchy"面板中，选择"caitaoshiUI"对象，修改其文本内容。选择"Text"，将其文本内容修改为"彩陶石产于红水河的下游，此石的产地很狭窄。当红水河流经此地时，由于受到长达几公里的暗礁阻击，长年累月暗礁右侧便冲出一条很深的河道，暗礁的左侧，则形成一条三百多米长的回水湾，红河石就卧躺在这条回水湾中。这是由于地壳的变化，河滩上青色的岩层被挤压出条条裂纹。雨季到来，大水淹没暗礁，把河滩上这些带有裂纹的青石头冲进了水湾。"完成后如图1-20所示。

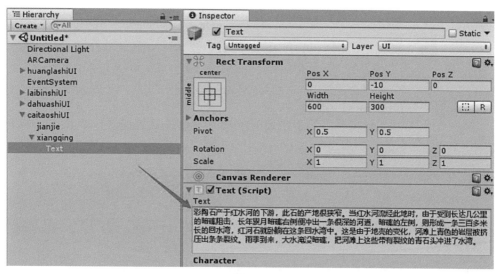

图1-20

UI脚本制作与绑定在"Project"面板中，选择"Vuforia""Scripts"文件夹，在里面新建一个脚本，重命名为"UI.cs"，如图1-21所示。

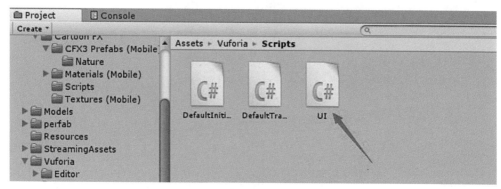

图1-21

选择脚本"UI.cs"，双击打开，添加具体代码如下：

```
using UnityEngine; using UnityEngine.UI;
public class UI : MonoBehaviour
{   private Button jianjie;    //简介按钮
    Private Image Xiangqing;   //详情图像
    //调用场景中的成员
    private void Awake()    {                    //从场景中获取简介按钮
        jianjie = transform.Find("jianjie").GetComponent<Button>();
    //从场景中获取详情图像
        Xiangqing =transform.Find("xiangqing").GetComponent<Image>();
    //监听简介按钮事件       jianjie.onClick.AddListener(() =>      {
        //如果点击了简介按钮，出现详情图像，缩放由0到1
        Xiangqing.transform.localScale = Vector3.one;        });     } }
```

在"Project"面板中，将制作好的UI脚本文件挂载到四个UI对象上。打开"Vuforia"—"Scripts"文件夹，选择脚本"UI.cs"，将其分别拖曳给"Hierarchy"面板中"huanglashiUI""laibinshiUI""dahuashiUI""caitaoshiUI"四个对象，实现UI脚本的挂载，如图1-22所示。

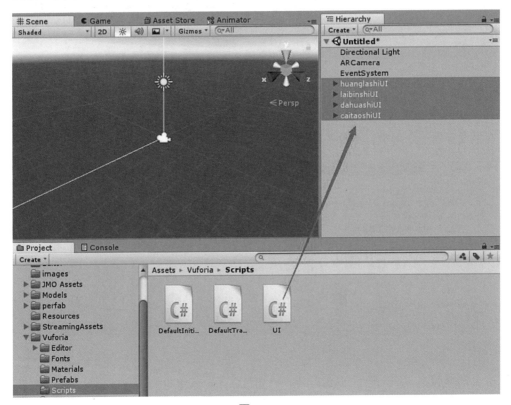

图1-22

UI预制体制作在"Hierarchy"面板中，选择之前做好的"huanglashiUI""laib inshiUI""dahuashiUI""caitaoshiUI"四个对象，将其分别拖曳至"Project"面板中的"perfab"文件夹中，创建四个UI预制体，如图1-23所示。

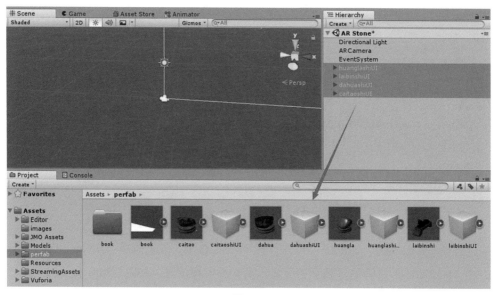

图1-23

### 2. 动画

制作识别封面图像出现书翻页动画。首先需要创建一个Images对象，在"GameObject"—"Vuforia"中选择"Image"，创建Images对象，用于存放识别图像，如图1-24所示。

动画

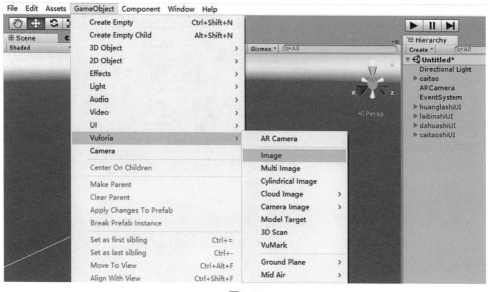

图1-24

在"Hierarchy"面板中，选择"ImageTarget"，在其"Inspector"属性面板中重命名为"fengmian"，Database和Image Target分别选择之前设置好的数据库"cover"和图片对象"fengmian"，完成后如图1-25所示。

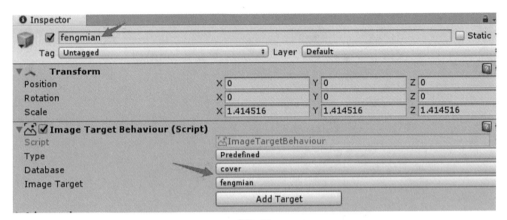

图1-25

选择"fengmian"，在其"Inspector"属性面板中，点击脚本"Default Trackable Event Handler.cs"，会在项目面板里显示其文件所在位置，如图1-26所示。

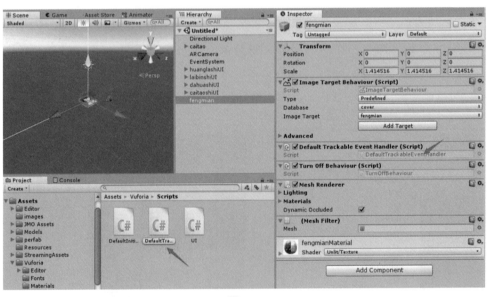

图1-26

在"Project"面板中，选择脚本"DefaultTrackableEventHandler.cs"，按Ctrl+D复制一份，重命名为"MyDefaultTrackableEventHandler"，如图1-27所示。

图1-27

双击打开脚本"MyDefaultTrackableEventHandler.cs"，在代码中将其类名修改为"MyDefaultTrackableEventHandler"，具体修改代码如下：

```
public class MyDefaultTrackableEventHandler : MonoBehaviour,
ITrackableEventHandler
    {
    ……
    }
```

在"Hierarchy"面板中，选择"fengmian"对象，在其"Inspector"属性面板中，选择脚本"DefaultTrackableEventHandler"，鼠标右键，选择"Remove component"移除组件，移除脚本组件"DefaultTrackableEventHandler"，如图1-28所示。

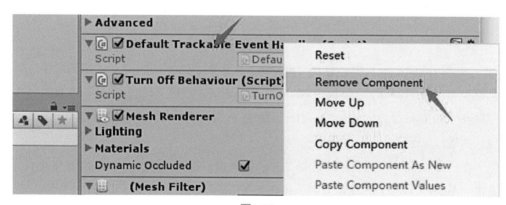

图1-28

在"Project"面板中，打开"Vuforia"—"Scripts"文件夹，选择其中的脚本"MyDefaultTrackableEventHandler.cs"，将其拖曳给"Hierarchy"面板中的"fengmian"对象，最终会在"fengmian"的"Inspector"属性面板中显示该脚本，如图1-29所示。

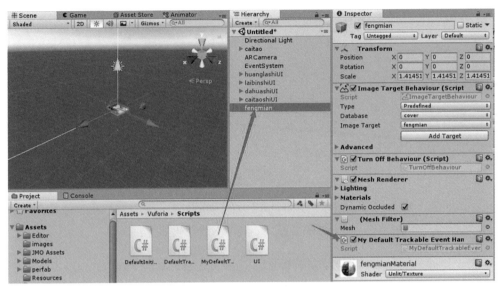

图1-29

在"Project"面板中，双击打开脚本"MyDefaultTrackableEventHandler.cs"，定义变量，具体代码如下：

```
public class MyDefaultTrackableEventHandler : MonoBehaviour,
ITrackableEventHandler
{
public GameObject modelPrefab; //定义模型
......
}
```

在"Project"面板中，打开"perfab"文件夹，选择"book"动画预制体，将其拖曳给"Hierarchy"面板中的"fengmian"对象和"fengmian"挂载的脚本"MyDefaultTrackableEventHandler"的变量"Model Prefab"处，实现动画的挂载，如图1-30所示。

在"Hierarchy"面板中，选择"book"对象，在其属性面板修改位置及大小，点击"Apply"同步，并取消勾选，让它场景中隐藏不显示，完成如图1-31所示。

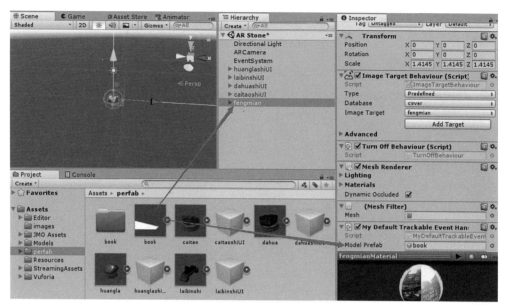

图1-30

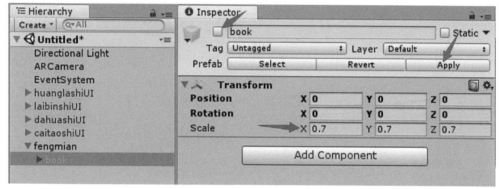

图1-31

### 3. 特效

在 "Project" 面板中，选择脚本 "MyDefaultTrackableEvent

Handler.cs"，双击打开，定义一个特效变量，添加具体代码如下：

特　效

```
public class MyDefaultTrackableEventHandler : MonoBehaviour,
ITrackableEventHandler
{
    public GameObject modelPrefab; //定义模型
    public GameObject texiaoPrefab; //定义特效
}
```

选择"fengmian"对象，然后在"Project"面板中，选择特效预制体"CFXM3_FallingLeaves"，将其拖曳至"fengmian"对象的脚本变量"Texiao Prefab"处。如图1-32所示。

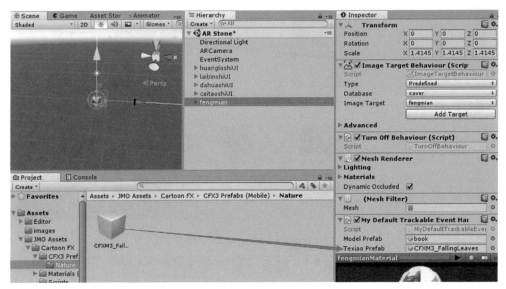

图1-32

### 4. 音频播放

在"Hierarchy"面板中，选择"fengmian"对象，在其属性面板下添加音效组件，如图1-33所示。

音频播放

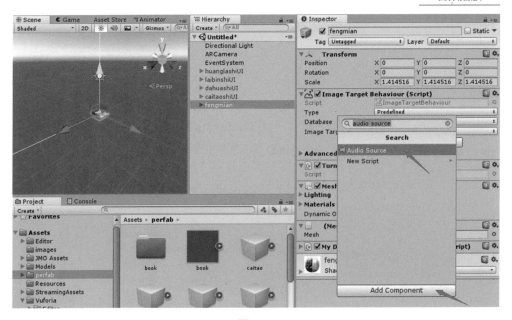

图1-33

在"Project"面板中，选择音效"The Fading Stories-不再年轻的村庄"，将其拖曳至音效组件处，并取消勾选自动播放，如图1-34所示。

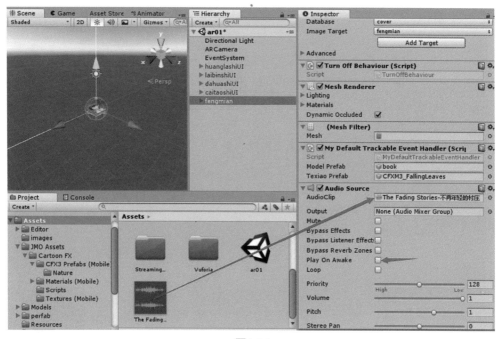

图1-34

添加音效组件后，在脚本"MyDefaultTrackableEventHandler"中继承这个音频组件，打开脚本"MyDefaultTrackableEventHandler"，实现音频组件继承，具体代码如下：

```
public class MyDefaultTrackableEventHandler : MonoBehaviour,
ITrackableEventHandler
{
    public GameObject modelPrefab; //定义模型
public GameObject texiaoPrefab; //定义特效
private AudioSource audio;    //音频成员
……
protected virtual void Start()
{
    mTrackableBehaviour
    GetComponent<TrackableBehaviour>();
    if (mTrackableBehaviour)
    mTrackableBehaviour.RegisterTrackableEventHandler(this);
```

```
                      //继承项目中的音频组件
    audio = this.GetComponent<AudioSource>();
}
}
```

识别到图像时播放背景音效。打开脚本
MyDefaultTrackableEventHandler，具体代码如下：

```
protected virtual void OnTrackingFound()
{
    if (!audio.isPlaying) //判断音频是否播放
    {
        audio.Play();     //播放音频
    }
    ……
}
```

### 5. 生成与销毁

首先制作第一张奇石识别图像——黄蜡石。在"Hierarchy"面板中，选择"fengmian"对象，Ctrl+D复制，重命名为"huanglashi"，将层级下的"book"预制体删除，如图1-35所示。

生成与销毁

图1-35

在"Inspector"面板中，修改"huanglashi"对象属性面板里的数据库和识别图片，Database选择"stone"，Image Traget选择"huangla2"，并且移除音频组件"Audio Source"。

在"Project"面板中找到"huangla"预制体模型，将其分别拖曳至"Hierarchy"面板的"huanglashi"对象处和脚本变量"Model Prefab"处，最终完成如图1-36所示。

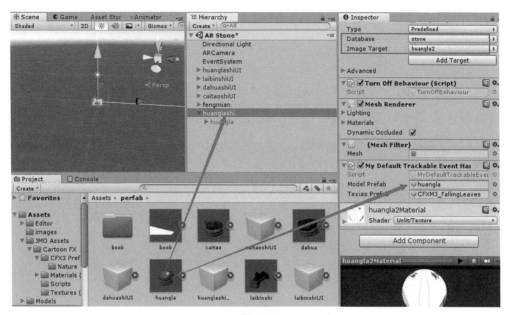

图1-36

隐藏场景中的"huangla"模型。在"Hierarchy"面板中,选择"huanglashi"对象层级下的"huangla"模型,在其属性面板取消勾选,如图1-37所示。

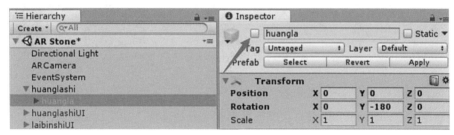

图1-37

制作第二张识别图像——来宾石。在"Hierarchy"面板中,选择"huanglashi"对象,Ctrl+D复制,重命名为"laibinshi",将其层级下的"huangla"预制体删掉,如图1-38所示。

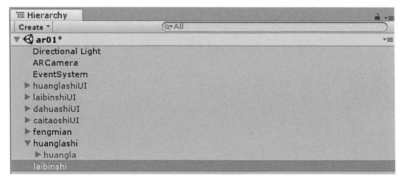

图1-38

在"Inspector"面板中，更换"laibinshi"对象的识别图片，Image Traget选择"laibin2"。

在"Project"面板中找到"laibinshi"预制体模型，将其分别拖曳给"Hierarchy"面板的"laibinshi"对象以及"laibinshi"对象所绑定的脚本变量"Model Prefab"处，最终完成如图1-39所示。

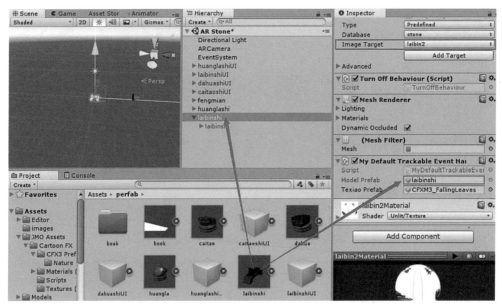

图1-39

隐藏场景中的"laibinshi"模型。在"Hierarchy"面板中，选择"laibinshi"对象层级下的"laibinshi"模型，在其属性面板中取消勾选，如图1-40所示。

图1-40　隐藏laibinshi图

制作第三张奇石识别图像——大化石。在"Hierarchy"面板中，选择"laibinshi"对象，Ctrl+D复制，重命名为"dahuashi"，将其层级下的"laibinshi"预制体删掉，如图1-41所示。

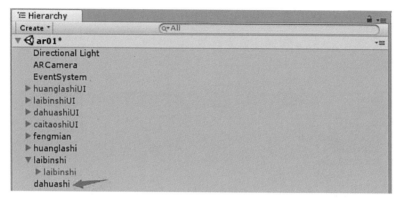

图1-41

在"Project"面板中找到"dahua"预制体模型，将其分别拖曳至"Hierarchy"面板的"dahuashi"处和脚本"Model Prefab"处。

在"Inspector"面板中，修改"dahuashi"对象属性面板中的识别图片，Image Traget选择"dahua2"，最终完成后如图1-42所示。

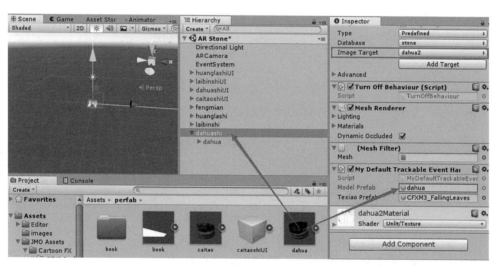

图1-42

隐藏场景中的"dahua"模型。在"Hierarchy"面板中，选择"dahuashi"对象层级下的"dahua"模型，在其属性面板中取消勾选，如图1-43所示。

图1-43

制作第四张奇石识别图像——彩陶石。在"Hierarchy"面板中，选择"dahuashi"对象，Ctrl+D复制，重命名为"caitaoshi"，将其层级下的"dahua"预制体删掉，如图1-44所示。

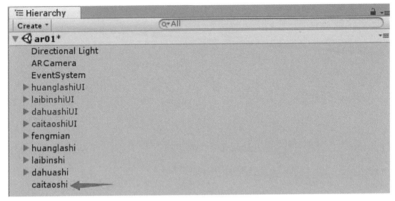

图1-44

在"Project"面板中，选择"caitao"预制体模型，将其分别拖曳至"Hierarchy"面板的"caitaoshi"对象处和"caitaoshi"对象所绑定的脚本变量"Model Prefab"处。

在"Inspector"面板中，修改"caitaoshi"对象属性面板中的识别图片，Image Traget选择"caitao2"，最终完成后如图1-45所示。

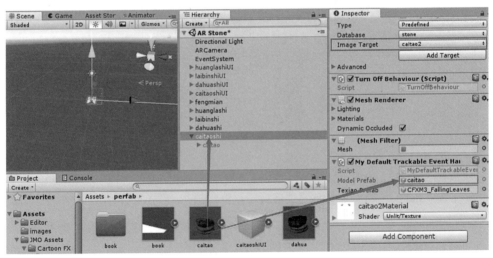

图1-45

隐藏场景中的"caitao"模型。在"Hierarchy"面板中，选择"caitaoshi"对象层级下的"caitao"模型，在其属性面板中取消勾选，如图1-46所示。

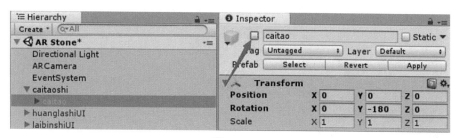

图1-46

在识别图片上挂载UI。在"Project"面板中，打开"Vuforia"—"Scripts"文件夹，打开脚本"MyDefaultTrackableEventHandler.cs"，定义一个UI变量，用于放置UI预制体，具体代码如下：

```
public class MyDefaultTrackableEventHandler : MonoBehaviour,
ITrackableEventHandler
    {
    public GameObject modelPrefab;  //定义模型
public GameObject texiaoPrefab; //定义特效
private AudioSource audio;    //私有成员
public GameObject thisui;    //定义UI
……
    }
```

在代码的最前面需对使用UI进行声明，添加代码如下：

```
using UnityEngine;
using Vuforia;
//声明支持UI
using UnityEngine.UI;
```

在"Project"面板中，打开"perfab"文件夹，选择之前做好的四个UI预制体，分别拖曳给"Hierarchy"面板中的"huanglashi""laibinshi""dahuashi""caitaoshi"四个对象所挂在的脚本变量"Thisui"处，其中"huanglashi"的UI对象拖曳如图1-47所示。

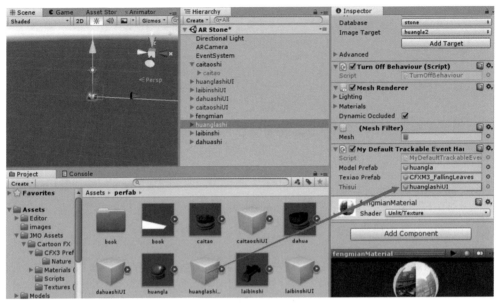

图1-47

实现模型、UI、动画特效的生成与销毁。双击打开脚本"MyDefaultTrackable EventHandler.cs"，删除"OnTrackingFound()"函数和"OnTrackingLost()"函数原有的代码，实现模型、UI、动画特效的生成与销毁，具体代码如下，注意销毁代码里的文本应与识别图像后生成的模型的名称一致。

```
protected virtual void OnTrackingFound()
{
    if (!audio.isPlaying)
    {
        audio.Play();
    }
    //识别到图片时生成模型
    //生成奇石模型
GameObject model = GameObject.Instantiate(modelPrefab, transform.
position - new Vector3(0f, 0f, 0f), transform.rotation);
    model.transform.parent = this.transform;
    model.transform.rotation = Quaternion.Euler(0, -180, 0);
    //生成特效
    GameObject texiao = GameObject.Instantiate(texiaoPrefab,
    transform.position, Quaternion.identity);
    texiao.transform.parent = this.transform;
```

```
        //生成UI
        GameObject ui = GameObject.Instantiate(thisui);
        ui.transform.parent = this.transform;
    }
    protected virtual void OnTrackingLost()
    {
        //未识别到图片时销毁已生成的模型
        //销毁奇石模型
        Destroy(GameObject.Find("book(Clone)"));
        Destroy(GameObject.Find("huangla(Clone)"));
        Destroy(GameObject.Find("laibinshi(Clone)"));
        Destroy(GameObject.Find("dahua(Clone)"));
        Destroy(GameObject.Find("caitao(Clone)"));
        //销毁特效
        Destroy(GameObject.Find("CFXM3_FallingLeaves(Clone)"));
        //销毁UI
        Destroy(GameObject.Find("huanglashiUI(Clone)"));
        Destroy(GameObject.Find("laibinshiUI(Clone)"));
        Destroy(GameObject.Find("dahuashiUI(Clone)"));
        Destroy(GameObject.Find("caitaoshiUI(Clone)"));
    }
```

6．旋转

在"Project"面板中，选择"Scripts"文件夹，鼠标右键，
选择"Create"—"C#Script"，创建一个新脚本，重命名为
"Rotate"，如图1-48所示。

旋转与缩放

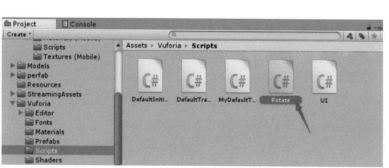

图1-48

双击打开"Rotate"脚本，具体实现代码如下：

```
public class Rotate : MonoBehaviour
{
    float xSpeed = 150f;  //水平速度
    float ySpeed = 50f;   //垂直速度
        void Update ()
{
        if(Input.GetMouseButton(0)) //如果触摸了屏幕
    {
                    //判断是几个手指触摸
        if(Input.touchCount==1)
        {
                        //第一个手指触摸，phase状态为Moved
滑动
            if (Input.GetTouch(0).phase == TouchPhase.Moved)
            {
                            //以手指横向移动的值绕
世界坐标的Y轴旋转
    transform.Rotate(Vector3.up * Input.GetAxis("Mouse X") * xSpeed * Time.
deltaTime, Space.World);
                            //以手指纵向移动的值绕
世界坐标的X轴旋转
    transform.Rotate(Vector3.left * Input.GetAxis("Mouse Y") * ySpeed * Time.
deltaTime, Space.World);
            }
        }
    }
    }
}
```

在 "Project" 面板中，打开 "Vuforia" — "Scripts" 文件夹，将制作好的 "Rotate" 脚本文件挂载到 "Hierarchy" 面板中的 "huangla" "laibinshi" "dahua" "caitao" 四个对象模型上，如图1-49所示完成脚本挂载。

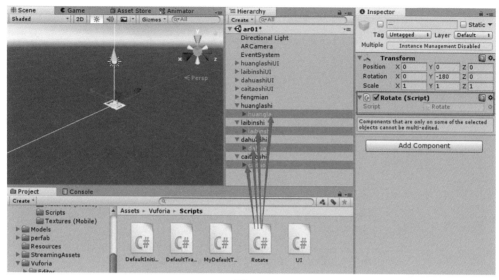

图1-49

### 7. 缩放

实现奇石模型放大缩小功能。在"Project"面板中，打开"Vuforia"—"Scripts"文件夹，新建一个脚本，重命名为"EnLarge.cs"，如图1-50所示。

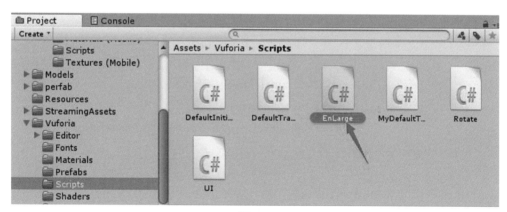

图1-50

打开脚本"EnLarge.cs"，具体实现代码如下：

```
public class EnLarge : MonoBehaviour
{
Vector2 oldPos1;  //第一个手指
    Vector2 oldPos2;  //第二个手指
        void Update ()
{
```

```
                //如果有两个手指
            if(Input.touchCount == 2)
        {
                        //如果第一个手指位置是移动的或者第二个手指
位置是移动的
                if (Input.GetTouch(0).phase == TouchPhase.Moved || Input.
GetTouch(1).phase == TouchPhase.Moved)
            {
                        //第一个手指位置
            Vector2 tempPos1 = Input.GetTouch(0).position;
                        //第二个手指位置
            Vector2 tempPos2 = Input.GetTouch(1).position;
            if(isEnLarge(oldPos1, oldPos2, tempPos1, tempPos2))
            {
                float oldScale = transform.localScale.x; //原始大小
                float newScalse = oldScale * 1.025f; //放大的倍数
                    transform.localScale = new Vector3(newScalse,newScalse,
newScalse); //整体放大
                }
                else
                {
                float oldScale = transform.localScale.x;
                float newScalse = oldScale / 1.025f; //缩小的倍数
                    transform.localScale = new Vector3(newScalse, newScalse,
newScalse); //整体缩小
                }
            oldPos1 = tempPos1;
            oldPos2 = tempPos2;
            }
        }
    }
    //判断手势
    bool isEnLarge(Vector2 oP1,Vector2 oP2,Vector2 nP1,Vector2 nP2)
    {
        float length1 = Mathf.Sqrt((oP1.x - oP2.x) * (oP1.x - oP2.x)+ (oP1.y
- oP2.y) * (oP1.y - oP2.y));
```

```
        float length2 = Mathf.Sqrt((nP1.x - nP2.x) * (nP1.x - nP2.x) + (nP1.y
        - nP2.y) * (nP1.y - nP2.y));
        //放大
    if(length1 < length2)
    {
        return true;
    }
        //缩小
    else
    {
    return false;
    }
}
```

在 "Project" 面板中，打开 "Vuforia" — "Scripts" 文件夹，将制作好的脚本 "EnLarge.cs" 文件绑定到 "Hierarchy" 面板中的 "huangla" "labinshi" "dahua" "caitao" 四个模型对象上，如图1-51所示。

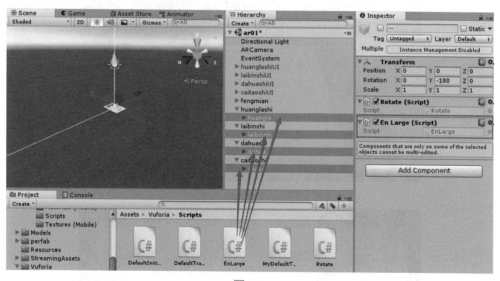

图1-51

### 1.2.4　案例发布

在菜单栏中点击 "File" — "Build Settings"，点击 "PlayerSettings" 在PC端勾选 "Vuforia Augmented Realit"，最后点击 "Build" 即可导出App，如图1-52所示。

案例发布

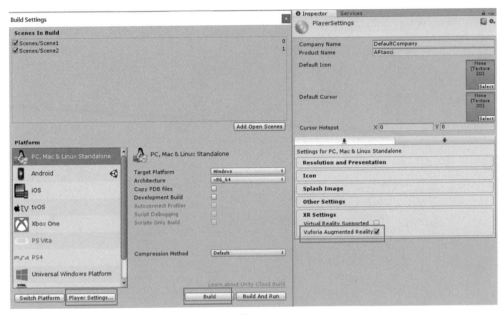

图1-52

案例发布效果图如图1-53、1-54 所示。

图1-53

图1-54

# 第2章　AR中草药

## 2.1　案例简介

本案例利用Unity设计完成中草药与AR技术相结合，以西江流域中草药为例，开发移动端AR系统。通过学习制作本案例，开发者不仅可以直观地观察中草药的形态长相，而且可以深入了解我国强大的中草药文化，感受健康生活方式，推动中草药以及中华养生文化走向现代化。

第 2 章配套资源

用户可以通过授予摄像机权限，打开摄像机，识别中草药的图片，生成对应的模型，并且能进行缩放、旋转、视频观看等功能 。

本案例开发用到的所有素材，均可从本章配套资源下载，如图2-1所示。

| zcy-img.unitypackage | 2022/7/31 0:59 | Unity package file | 7,145 KB |
| zcy-mode.unitypackage | 2022/7/31 0:53 | Unity package file | 112,474 KB |
| zcy-Scripts.unitypackage | 2022/7/31 1:35 | Unity package file | 7 KB |
| zcy-tx.unitypackage | 2022/7/31 0:52 | Unity package file | 22 KB |
| zcy-video.unitypackage | 2022/7/31 1:02 | Unity package file | 357,711 KB |

图2-1

## 2.2　案例实现

### 2.2.1　素材准备

**1．模型素材准备**

本案例的制作需要用到三七、人参、地黄、灵芝、车前草模型，点击"zcy-mode.unity unitypackage"，导入即可添加到项目中。

**2．音频素材准备**

本案例的制作需要用到三七、人参、地黄、灵芝、车前草视频，点击"zcy-video.unity unitypackage"，点击导入即可添加到项目中。

**3．代码资源准备**

本案例的制作需要用到代码，点击"zcy-Scripts.unity package"导入即可添加到项目中。

**4. 特效准备**

本案例的制作需要用到特效。点击"zcy-tx.unity package"导入即可添加到项目中。

场景切换、退出

### 2.2.2 环境配置

环境配置请查阅第1章，此处不再赘述。

### 2.2.3 功能实现

**1. 场景切换、退出**

为了使开始界面跳转到游戏界面，需要建立两个界面的场景。ctrl+N新建，ctrl+S保存场景并且命名。

在"start"场景中，鼠标右键左边"Hierarchy"栏"UICanvas"，点击生成的"Canvas"，在UI菜单里点击"image"，分别生成image并命名"背景""开始""退出"。

在"start"场景中，给"开始""退出"添加组件"Buttom"。点击左边的"Canvas"中，新建"start""end"脚本。Ctrl+shift+B打开场景管理，如图2-2所示。"Star"脚本代码如下：

```
using System.Collections;
using System.Collections.Generic;
using UnityEngine;
using UnityEngine.SceneManagement;
public class start : MonoBehaviour
{
        public void MainScence()
    {
            SceneManager.LoadScene(1);//打开序号为1的场景
        }
}
```

把脚本挂载到"Canvas"中，"On Click()"中的"start.MainScence"和"Canvas"表示引用"Canvas"中放置的"start"脚本的"MainScence"方法，如图2-3所示。

图2-2　添加场景

图2-3

根据以上"start"的操作过程，给"Canvas"挂载"end"脚本创建及其绑定，"end"脚本代码如下：

```
using System.Collections;
using System.Collections.Generic;
using UnityEngine;
public class end : MonoBehaviour
{
public void endScence()
    {
                    Application.Quit();//关闭应用
    }
}
```

### 2．摄像头切换

为了使发布的App能够切换前置摄像头调用。在"vuforia sdk"中默认的是调用手机的后置摄像头，你可以通过"ARCamera"进行设置，设置成为前置摄像头，有时候在项目中需要用到前置摄像头，通过封装方法绑定到按键上，代码如下：

摄像头及闪光灯切换

```
using System.Collections;
using System.Collections.Generic;
using UnityEngine;
using Vuforia;
public class cameras : MonoBehaviour
{
    private bool cameraone = true;
    public void OnCameraClik()
    {
        if (cameraone == true)//前置相机打开时，即切换摄像机
        {
        CameraDevice.Instance.Stop();//先停止运行
        CameraDevice.Instance.Deinit();//取消初始化
        // Reinit and restart camera, selecting front camera
    CameraDevice.Instance.Init(CameraDevice.CameraDirection.CAMERA_
FRONT);//开启前置摄像头
        CameraDevice.Instance.Start();
        cameraone = !cameraone;
        }
```

```
else if (cameraone == false)//前置相机关闭时
{
    CameraDevice.Instance.Stop();
    CameraDevice.Instance.Deinit();
    // Reinit and restart camera, selecting back camera
    CameraDevice.Instance.Init(CameraDevice.CameraDirection.CAMERA_
BACK);
    CameraDevice.Instance.Start();
    cameraone = !cameraone;
}
}
}
```

将制作好的 "cameras" 脚本绑定在图2-4所示位置，调用对应的方法实现功能。

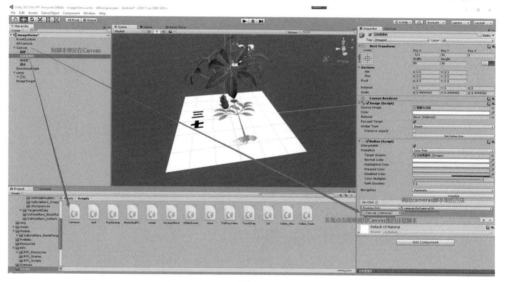

图2-4

### 3. 截屏

为了能够进行截屏，截取场景里面的画面，需创建脚本 "ScreenShort"。代码如下：

截屏

```
using System.Collections;
using System.Collections.Generic;
using System.IO;
using UnityEngine;
using Vuforia;
```

```
public class ScreenShort : MonoBehaviour
{
    private Camera arCamera;//创建Camera变量
    void Start ()
    {
        arCamera = GameObject.Find("ARCamera").
GetComponent<Camera>();//调用"ARCamera"中的摄像机组件
    }
        // Update is called once per frame
    public void OnScreeShotClick()
    {
        System.DateTime now = System.DateTime.Now;
        string times = now.ToString();
        times = times.Trim();
        times = times.Replace("/", "-");
        string fileName = "ARScreenShot" + times + ".png";//截图的图片重
命名
        if (Application.platform == RuntimePlatform.Android)
        {
    RenderTexture rt = new RenderTexture(Screen.width, Screen.height, 1);
        arCamera.targetTexture = rt;
        arCamera.Render();
        RenderTexture.active = rt;
            Texture2D texture = new Texture2D(Screen.width, Screen.he
ight, TextureFormat.RGB24, false);
        texture.ReadPixels(new Rect(0, 0, Screen.width, Screen.height), 0, 0);
        texture.Apply();
        arCamera.targetTexture = null;
        RenderTexture.active = null;
        Destroy(rt);
        byte[] bytes = texture.EncodeToPNG();
        string destination = "/sdcard/DCIM/Screenshots";//存储的路径
        if (!Directory.Exists(destination))
        {
            Directory.CreateDirectory(destination);
        }
```

```
        string pathSave = destination + "/" + fileName;
        File.WriteAllBytes(pathSave, bytes);
    }
}
```

将制作好的"ScreenShort"脚本进行绑定，仿照前面图2-4"cameras"脚本的绑定。

### 4．闪光灯

为了调用闪光灯的功能，在光线不足的情况下也能识别图片，需要创建脚本"FlashLamp"，代码如下：

```
using System.Collections;
using System.Collections.Generic;
using UnityEngine;
using Vuforia;
public class FlashLamp : MonoBehaviour
{
    private bool lighting = true;//闪光灯的布尔值判断
    public void OnFlashLampClik()
    {
        bool X;//局部变量X，用来设置闪光灯的状态
        if (lighting == true)//闪光灯打开时
        {
            X = true;
            CameraDevice.Instance.SetFlashTorchMode(X);//闪光灯开启
            lighting = !lighting;//唯一值，前闪光灯不能和后闪光灯同时开启
        }
        else if (lighting == false)//闪光灯关闭时
        {
            X = false;
            CameraDevice.Instance.SetFlashTorchMode(X);
            lighting = !lighting;
        }
    }
}
```

将制作好的"FlashLamp"脚本进行绑定，仿照前面图2-4"cameras"脚本的绑定。

### 5. 生成模型UI

为了使生成的模型能够进行UI交互，需要在"sanqi"的子级添加"Canvas"，分别鼠标右击在"Canvas"中创建"Button"命名为"简介""视频""返回"；创建两个"Image"并命名"Image""介绍"；创建"RawImage"命名为"视频播放"。并且如下图中所操作，做出对应的设置。需要用到"zcy-img.unitypackage"，注意图片添加到生成的UI的右侧图片。

生成模型 UI

"简介"UI的设置，使其点击时能够显示"介绍"UI里的内容，如图2-5、2-6所示。

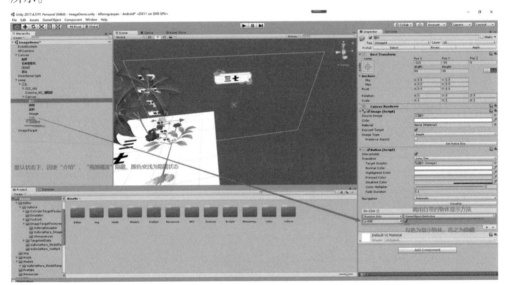

图2-5

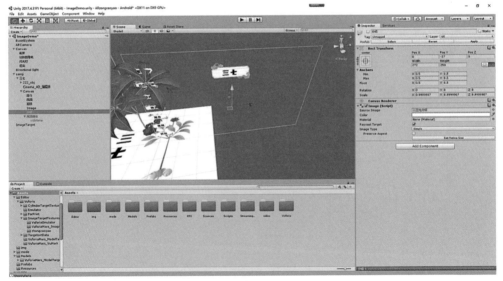

图2-6

“视频”UI的设置，先把“视频播放”UI隐藏，使其点击时能够显示“视频播放”UI里的内容，如图2-7、2-8所示。

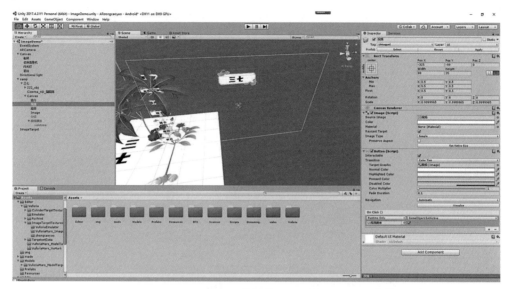

图2-7

图2-8

“返回”UI的设置，使其点击时能够隐藏“视频播放”“介绍”UI里的内容，如图2-9、2-10所示。

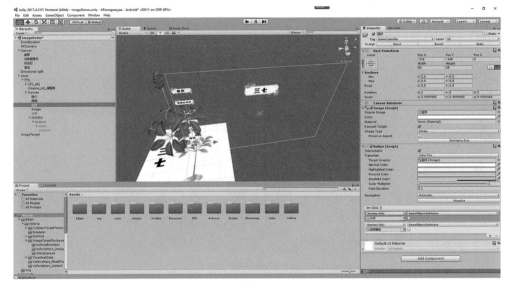

图2-9

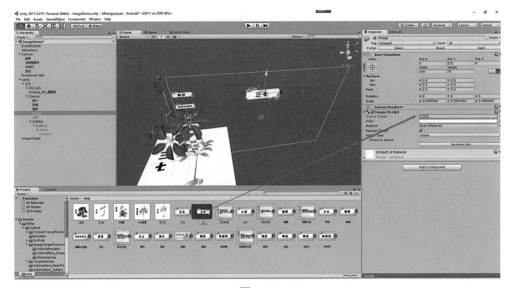

图2-10

### 6. 视频播放

为"视频播放"UI设置视频拖到条、播放、暂停功能。右击"Hierarchy"中的"视频播放"分别创建UI选项中的"Button""Silder""Text"并命名"Button""Silder""vidotime",如图2-11所示。

视频播放

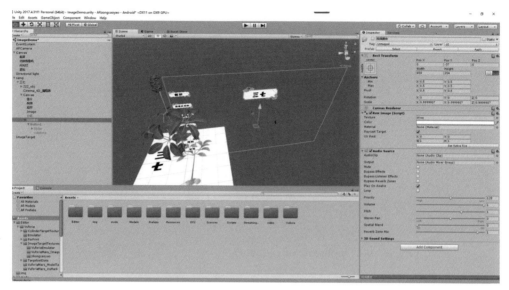

图2-11

　　为了控制"视频播放"挂载的视频，需要创建脚本"Video_Controller""ToPlayVideo""SliderEvent"，代码如下：

```
Video_Controller脚本：
using System.Collections;
using System.Collections.Generic;
using UnityEngine;
using UnityEngine.UI;
using UnityEngine.Video;
public class Video_Controller : MonoBehaviour
{
    private VideoPlayer videoplayer;//创建VideoPlayer变量
    private RawImage rawImage;//创建RawImage变量
    private int currentClipIndex;
    public Button button_playorpause;//公开的Button变量
    void Start()
    {
        videoplayer = this.GetComponent<VideoPlayer>();//实例化到
videoplayer
        rawImage = this.GetComponent<RawImage>();//实例化到rawImage
        currentClipIndex = 0;
    button_playorpause.onClick.AddListener(OnplayorpauseVideo);//实现点击
```

公开的Button时，将会对视频进行播放与暂停控制

```
    }
    void Update()
    {
        if (videoplayer.texture == null)
        {
            return;
        }
        rawImage.texture = videoplayer.texture;
    }
    private void OnplayorpauseVideo()
    {
        if (videoplayer.enabled == true)
        {
            if (videoplayer.isPlaying)
            {
                videoplayer.Pause();
            }
            else if (!videoplayer.isPlaying)
            {
                videoplayer.Play();
            }
        }
    }
}
```

ToPlayVideo脚本：

```
using UnityEngine;
using UnityEngine.UI;
using UnityEngine.Video;
public class ToPlayVideo : MonoBehaviour
{
public VideoClip videoClip; // 视频的文件 参数
    public Text videoTimeText; // 视频的时间 Text
    public Text videoNameText; // 视频的名字 Text
    public Slider videoTimeSlider; // 视频的时间 Slider
```

```
//定义参数获取VideoPlayer组件和RawImage组件
internal VideoPlayer videoPlayer;
private RawImage rawImage;
void Start()
{
    //获取场景中对应的组件
    videoPlayer = this.GetComponent<VideoPlayer>();
    rawImage = this.GetComponent<RawImage>();
    videoPlayer.clip = videoClip;
    videoNameText.text = videoClip.name;
    clipHour = (int)videoPlayer.clip.length / 3600;
        clipMinute = (int)((int)videoPlayer.clip.length - clipHour * 3600) /
60;
        clipSecond = (int)((int)videoPlayer.clip.length - clipHour * 3600 -
clipMinute * 60);
        videoPlayer.Play();
}
void Update()
{
    //如果videoPlayer没有对应的视频texture，则返回
        if (videoPlayer.texture == null)
        {
            return;
        }
        //把VideoPlayerd的视频渲染到UGUI的RawImage
        rawImage.texture = videoPlayer.texture;
        ShowVideoTime();
}
private void ShowVideoTime()
{
    clipHour = (int)videoPlayer.clip.length / 3600;
        clipMinute = (int)((int)videoPlayer.clip.length - clipHour * 3600) /
60;
        clipSecond = (int)((int)videoPlayer.clip.length - clipHour * 3600 -
clipMinute * 60);
```

```
                // 当前的视频播放时间
                currentHour = (int)videoPlayer.time / 3600;
                currentMinute = (int)(videoPlayer.time - currentHour * 3600) / 60;
                    currentSecond = (int)(videoPlayer.time - currentHour * 3600 -
currentMinute * 60);
                // 把当前视频播放的时间显示在 Text 上
                    videoTimeText.text = string.Format("{1:D2}:{2:D2} /
{4:D2}:{5:D2}",
                    currentHour, currentMinute, currentSecond, clipHour, clipMinute,
clipSecond);
                // 把当前视频播放的时间比例赋值到 Slider 上
                    videoTimeSlider.value = (float)(videoPlayer.time / videoPlayer.clip.
length);
            }
            private void SetVideoTimeValueChange()
            {
                videoPlayer.time = videoTimeSlider.value * videoPlayer.clip.length;
            }
            // 当前视频的总时间值和当前播放时间值的参数
            private int currentHour;
            private int currentMinute;
            private int currentSecond;
            private int clipHour;
            private int clipMinute;
            private int clipSecond;
        }
    SliderEvent脚本:
    using UnityEngine;
    using UnityEngine.EventSystems;
    public class SliderEvent : MonoBehaviour, IDragHandler
    {
        [SerializeField]
        private ToPlayVideo toPlayVideo; // 视频播放的脚本
        // Use this for initialization
        void Start()
```

```
        {
        }
        // Update is called once per frame
        void Update()
        {
        }
        public void OnDrag(PointerEventData eventData)
        {
    SetVideoTimeValueChange();
        }
        private void SetVideoTimeValueChange()
        {
            toPlayVideo.videoPlayer.time = toPlayVideo.videoTimeSlider.value *
    toPlayVideo.videoPlayer.clip.length;
        }
    }
```

将脚本 "Video_Controller" "ToPlayVideo" 拖拽到 "视频播放" UI中，脚本 "SliderEvent" 拖拽到 "Slider" UI中，如图2-12、2-13所示。注意 "VideoPlayer" 的添加。

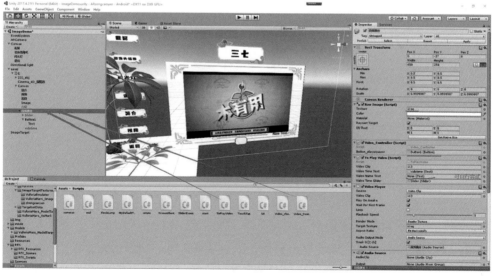

图2-12

图2-13

### 7. 旋转、缩放

当用户开启手势识别功能后，系统首先判断用户是否触碰手机屏幕，如果手指触碰屏幕，发送射线，然后继续判断手指数是否为1。如果是一根手指头触碰，则继续判断手指是否在手机屏幕上产生滑动距离。如果滑动距离大于零，则物体跟随手指滑动方向旋转。

旋转与缩放

代码如下：

```
if (Input.GetMouseButton(0))
{
    if (Input.GetTouch(0).phase == TouchPhase.Moved)
    {
        transform.Rotate(Vector3.up * Input.GetAxis("Mouse X") *
        -xSpeed * Time.deltaTime, Space.World);
    }
}
```

通过判断双指的触摸距离，实现缩放功能。根据上一次两个手指触摸的两点位置与本次触摸的两点位置计算出初始长度和结束长度。如果初始长度小于结束长度，应放大手势，返回真值；如果初始长度大于结束长度，为缩小手势，返回假值。核心代码如下：

```
bool isEnLarge(Vector2 oP1, Vector2 oP2, Vector2 nP1, Vector2 nP2)
{
    float length1 = Mathf.Sqrt((oP1.x - oP2.x) * (oP1.x - oP2.x) + (oP1.y -
oP2.y) * (oP1.y - oP2.y));
    float length2 = Mathf.Sqrt((nP1.x - nP2.x) * (nP1.x - nP2.x) + (nP1.y -
nP2.y) * (nP1.y - nP2.y));
    if (length1 < length2)
    {
        return true;
    }
    else
    {
        return false;
    }
}
```

根据手势判断返回的真假值，对模型进行放大和缩小。

模型放大代码：

```
float newScalse = oldScale * 1.025f;
```

模型缩小代码：

```
float newScalse = oldScale / 1.025f;
```

改变模型大小：

```
transform.localScale = new Vector3(newScalse, newScalse, newScalse);
```

物体自转代码：

```
public void rotatew()
{
    this.transform.Rotate(Vector3.up, 60 * Time.deltaTime, Space.Self);
}
```

在控制模型进行交互前，需要对模型添加碰撞体，如图2-14所示。

图2-14

"TouchTap"脚本完整代码：

```
using System.Collections;
using System.Collections.Generic;
using UnityEngine;
public class TouchTap : MonoBehaviour {
    private float tounchTime;
    private bool newTouch = false;
void Update ()
{
        if (Input.GetMouseButton(0))
        {
Ray ray = Camera.main.ScreenPointToRay(Input.mousePosition);
        RaycastHit hitInfo;
        if (Physics.Raycast(ray, out hitInfo))
        {
            //长按
            if (Input.touchCount == 1)
            {
                Touch touch = Input.GetTouch(0);
                if (touch.phase == TouchPhase.Began)
                {
```

```
                newTouch = true;
                touchTime = Time.time;
            }
            else if (touch.phase == TouchPhase.Stationary)
            {
                if (newTouch == true && Time.time - touchTime > 1f)
                {
                    newTouch = false;
                    Destroy(hitInfo.collider.gameObject);
                }
            }
            else
            {
                newTouch = false;
            }
        }
    }
}
```

rotate脚本完整代码：

```
using System.Collections;
using System.Collections.Generic;
using UnityEngine;
public class rotate : MonoBehaviour
{
    Vector2 oldPos1;
    Vector2 oldPos2;
    float xSpeed = 150f;
    void Update()
    {
        //旋转
        if (Input.GetMouseButton(0))
        {
            if (Input.GetTouch(0).phase == TouchPhase.Moved)
            {
```

```
            transform.Rotate(Vector3.up * Input.GetAxis("Mouse X") *
-xSpeed * Time.deltaTime, Space.World);
        }
    }
    //放大缩小
    if (Input.touchCount == 2)
    {
        if (Input.GetTouch(0).phase == TouchPhase.Moved || Input.
GetTouch(1).phase == TouchPhase.Moved)
        {
        Vector2 temPos1 = Input.GetTouch(0).position;
        Vector2 temPos2 = Input.GetTouch(1).position;
        if (isEnLarge(oldPos1, oldPos2, temPos1, temPos2))
        {
            float oldScale = transform.localScale.x;
            float newScalse = oldScale * 1.025f;
            transform.localScale = new Vector3(newScalse, newScalse,
newScalse);
        }
        else
        {
            float oldScale = transform.localScale.x;
            float newScalse = oldScale / 1.025f;
            transform.localScale = new Vector3(newScalse, newScalse,
newScalse);
        }
        oldPos1 = temPos1;
        oldPos2 = temPos2;
        }
    }
    else
    {
    rotatew();
    }
    }
```

```
//物体自转代码
public void rotatew()
{
    this.transform.Rotate(Vector3.up, 60 * Time.deltaTime, Space.Self);
}
//判断手势
bool isEnLarge(Vector2 oP1, Vector2 oP2, Vector2 nP1, Vector2 nP2)
{
    float length1 = Mathf.Sqrt((oP1.x - oP2.x) * (oP1.x - oP2.x) + (oP1.y -
oP2.y) * (oP1.y - oP2.y));
    float length2 = Mathf.Sqrt((nP1.x - nP2.x) * (nP1.x - nP2.x) + (nP1.y -
nP2.y) * (nP1.y - nP2.y));
    if (length1 < length2)
    {
        return true;
    }
    else
    {
        return false;
    }
}
}
```

### 8. 特效

为了使模型生成时，能够带有特效，使其自然，不单调，需要把"DefaultTrackableEventHandler"的脚本复制命名为"MyDefaultTrackableEventHandler"脚本，完整代码如下：

特　效

```
using UnityEngine;
using UnityEngine.Video;
using Vuforia;
public class MyDefaultTrackableEventHandler : MonoBehaviour,
ITrackableEventHandler
{
    public GameObject huixue;
//存放视频播放组件
```

```
        public VideoPlayer Myvideo;
        protected TrackableBehaviour mTrackableBehaviour;
        protected virtual void Start()
        {
            mTrackableBehaviour = GetComponent<TrackableBehaviour>();
            if (mTrackableBehaviour)
            mTrackableBehaviour.RegisterTrackableEventHandler(this);
        }
            public void OnTrackableStateChanged(TrackableBehaviour.Status
previousStatus,TrackableBehaviour.Status newStatus)
        {
            if (newStatus == TrackableBehaviour.Status.DETECTED ||
            newStatus == TrackableBehaviour.Status.TRACKED ||
                newStatus == TrackableBehaviour.Status.EXTENDED_
TRACKED)
            {
                    Debug.Log("Trackable " + mTrackableBehaviour.
TrackableName + " found");
                OnTrackingFound();
            }
                else if (previousStatus == TrackableBehaviour.Status.TRACKED
&&newStatus == TrackableBehaviour.Status.NOT_FOUND)
            {
                    Debug.Log("Trackable " + mTrackableBehaviour.
TrackableName + " lost");
                OnTrackingLost();
            }
            else
            {
                OnTrackingLost();
            }
        }
        protected virtual void OnTrackingFound()
        {
            //找到需要识别的物体
```

```
        var rendererComponents = GetComponentsInChildren<Renderer>(tr
ue);

        var colliderComponents = GetComponentsInChildren<Collider>(tr
ue);

        var canvasComponents = GetComponentsInChildren<Canvas>(true);
    foreach (var component in rendererComponents)
        component.enabled = true;
        foreach (var component in colliderComponents)
        component.enabled = true;
        foreach (var component in canvasComponents)
        component.enabled = true;
        //特效产生
        GameObject e1 = GameObject.Instantiate(huixue, transform.position,
Quaternion.identity);
        e1.transform.parent = this.transform;
        //删除特效
        Destroy(e1, 2f);
    }
    protected virtual void OnTrackingLost()
    {
    //丢失需要识别的物体
    var rendererComponents = GetComponentsInChildren<Renderer>(true);
    var colliderComponents = GetComponentsInChildren<Collider>(true);
    var canvasComponents = GetComponentsInChildren<Canvas>(true);
    foreach (var component in rendererComponents)
    component.enabled = false;
    foreach (var component in colliderComponents)
    component.enabled = false;
    foreach (var component in canvasComponents)
    component.enabled = false;
    Myvideo.Stop();
    Destroy(GameObject.Find("huixue"));
    }
    }
```

### 2.2.4 案例发布

在菜单栏中点击"File"—"Build Settings",点击"PlayerSettings"在PC端勾选"Vuforia Augmented Realit",最后点击"Build"即可导出App,如图2-15所示。

案例发布

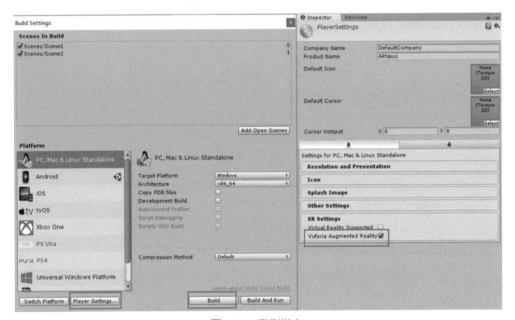

图2-15 案例发布

案例发布效果图如图2-16所示。

图2-16

# 第3章　AR陶瓷

## 3.1　案例简介

本案例基于Uinty3D开发引擎和Vuforia 的环境下开发西江陶瓷AR，展示西江流域的四个省（自治区）：广东省、广西壮族自治区、贵州省、云南省的特色陶瓷与标志性陶瓷。通过学习制作本案例，开发者不仅可以认知陶瓷艺术的历史发展与历史作用，更能深入理解陶瓷艺术所承载的深厚的文化素养和人类文明传承的使命。

第 3 章配套资源

用户可以通过识别卡片进行旋转、缩放、销毁等交互功能。

本案例开发用到的所有素材，均可从本章配套资源下载，如图3-1所示。

| 识别图 | 2023/3/27 1:34 | 文件夹 | |
| Archanor.unitypackage | 2023/3/24 23:04 | Unity package file | 131,049 KB |
| ARtaociDatabase.unitypackage | 2023/3/24 23:07 | Unity package file | 428 KB |
| Prafab.unitypackage | 2023/3/24 23:06 | Unity package file | 1,208 KB |
| UI.unitypackage | 2023/3/24 23:06 | Unity package file | 5,058 KB |

图3-1　案例素材

## 3.2　案例实现

### 3.2.1　素材准备

**1．模型素材准备**

本案例的制作需要用到桂陶、华宁陶、牙舟陶、潮州瓷模型，点击"Prafab.unitypackage"，导入即可添加到项目中。

**2．识别卡片素材准备**

本案例的制作需要用到的识别卡可从本章配套资源下载。

**3．UI素材准备**

本案例的制作需要用到UI素材，点击"UI.unitypackage"，导入即可添加到项目中。

#### 4. 特效准备

本案例的制作需要用到特效，"Archanor.unitypackage"。将"Archanor. unitypackage"拖曳至"Project"处即可导入特效。

### 3.2.2 环境配置

环境配置请查阅第1章，此处不再赘述。

### 3.2.3 功能实现

#### 1. 模型与简介生成

点击左上角菜单栏的"GameObject"下的"Vuforia"增加一个"AR Camera"和五张"Image"完成识别功能，如图3-2所示。分别将五张"Image"依次命名为"Total""guitao""huaning""chaozhou""yazhou"。

模型与简介生成

图3-2

选中"Total"，在"Inspector"面板下点击"ImageTargetBehaviour(Script)"前面的三角形展开详细信息，修改数据库。"Database"选择"ARtaociDatabase"数据库，"ImageTarget"选择相对应的识别卡"total"，如图3-3所示。重复以上操作完成剩余四张"Image"数据库的选择，"ImageTarget"依次选择"gui""dian""yue""qian"。

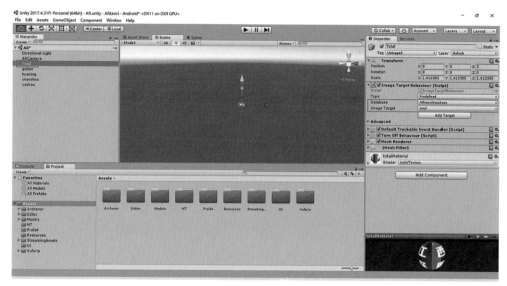

图3-3

　　将需要生成的模型放到相应的卡片下面，扫描卡片即可识别出对应的陶瓷模型，如图3-4所示完成所以模型的放置。

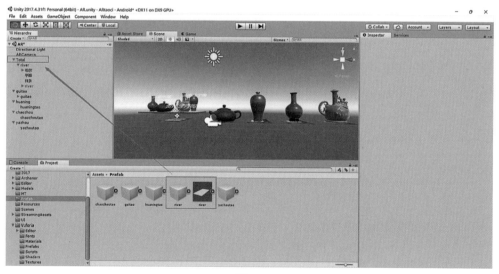

图3-4

　　为了生成物体，需修改脚本"DefaultTrackableEventHandler.cs"。在"Project"面板找到"Vufofia"—"Scripts"的脚本"DefaultTrackableEventHandler.cs"，复制一份脚本，且重新命名为"StartUphuaning.cs"，如图3-5所示。

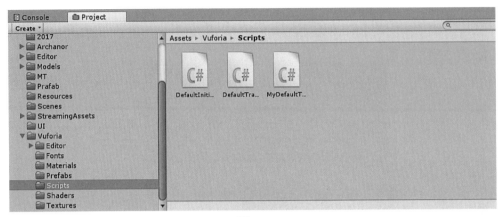

图3-5

修改其中识别与丢失物体的代码，具体代码如下。

```
using UnityEngine;
using Vuforia;
public class StartUphuaning : MonoBehaviour, ITrackableEventHandler
{
    public GameObject prefab;
    protected virtual void OnTrackingFound()
    {
//找到需要识别的物体
        GameObject huaningtao = GameObject.Instantiate(prefab, transform.
position, transform.rotation);
        huaningtao.transform.parent = this.transform;
    }
    protected virtual void OnTrackingLost()
    {
//丢失需要识别的物体
        Destroy(GameObject.Find("huaningtao(Clone)"));
    }
}
```

选中"huaning"，在"Inspector"面板将鼠标放在脚本组件"DefaultTrackable
EventHandler"上，鼠标右键点击"Remove Component"移除自身携带的脚本组
件，如图3-6所示。将制作好的脚本文件"StartUphuaning.cs"绑定到"huaning"
上，如图3-7所示。

将模型"huaningtao"拖拽至变量"prefab"里面，如图3-8所示。

图3-6

图3-7

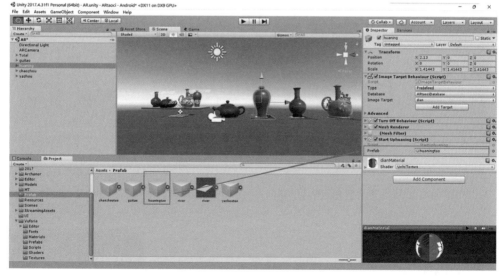

图3-8

选中模型"huaningtao",鼠标右键依次选择"UI"—"Canvas",使得新增画布成为模型的子物体,如图3-9所示。为模型增加简介,选中画布"Canvas",鼠标右键依次选择"UI"—"Image",使得新增图像成为画布的子物体,如图3-10所示。选中新建的"Image",找到"Image"的"Image"组件将陶瓷模型的简介拖拽到"Source Image",如图3-11所示。此时简介的大小会被压缩,在"Inspectoe"面板点击"SetNativeSize"重设"Image"大小使得图像按原比例呈现,解决图片拉伸问题,然后再调整图片大小(Scale)为X0.07、Y0.07、Z0.07,即可完成简介跟随模型出现而出现的效果,如图3-12所示。

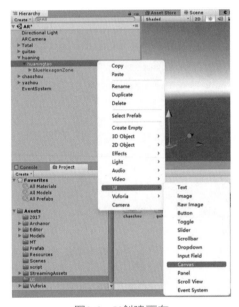

图3-9　V创建画布

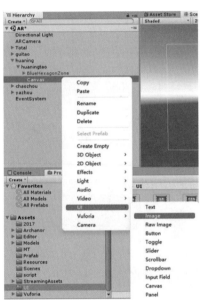

图3-10　创建简介

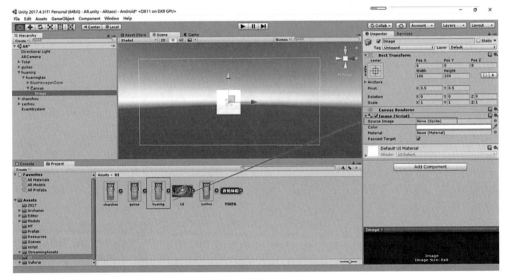

图3-11　填充Image

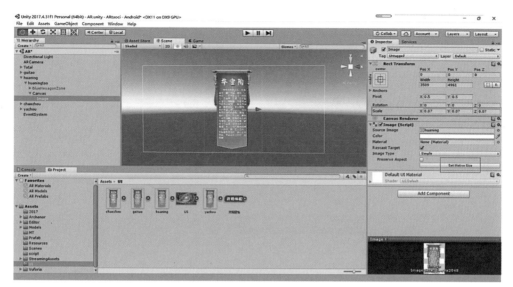

图3-12　调整简介大小

### 2. 生成特效

打开项目文件找到路径"Archanor"—"Sci-Fi Effects"—
"Prefabs"—"Zones"—"HexagonZone"，将特效
"BlueHexagonZone"拖拽至模型下方成为其子集，达到特效伴
随模型出现的效果，如图3-13所示。

生成特效

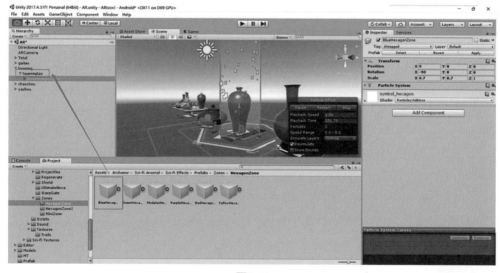

图3-13

### 3. 销毁

实现双击和长按销毁模型，在"Project"面板空白处鼠标右
键点击"Create"—"C#Script"创建脚本，命名为"TouchTap.
cs"，具体代码如下。

销　毁

```
using System.Collections;
using System.Collections.Generic;
using UnityEngine;
public class TouchTap : MonoBehaviour
{
    private float touchTime;//记录按下的时间
    private bool newTouch =false;//默认没有触碰新屏幕
        void Update ()
{
        If(Input.GetMouseButton(0))//触摸屏幕
        {
            Ray ray = Camera.main.ScreenPointToRay(Input.mousePosition);//从
摄像机的原点向点击的位置发射一条射线
            RaycastHit hitInfo;//接受射线产生的碰撞信息
            if (Physics.Raycast(ray, out hitInfo))//如果射线碰撞到物体
            {
                if (Input.touchCount == 1 && Input.GetTouch(0).phase ==
TouchPhase.Began)//一根手指触碰屏幕且是第一次触碰到屏幕
                {
                    if(Input.GetTouch(0).tapCount==2)//双击
                    {
                        Destroy(hitInfo.collider.gameObject);//销毁物体
                    }

                }
                if (Input.touchCount == 1)//一根手指触碰屏幕
                {
                    Touch touch = Input.GetTouch(0);//获取点击屏幕事件
                    if (touch.phase == TouchPhase.Began)//刚按下屏幕
                    {
                        newTouch = true;
                        touchTime = Time.time;
                    }
                    else if (touch.phase == TouchPhase.Stationary)//摁下后手指静
止（长摁）
```

```
        {
            if (newTouch == true && Time.time - touchTime > 1f)
            {
                newTouch = false;
                Destroy(hitInfo.collider.gameObject);//销毁模型
            }
        }
        else
        {
            newTouch = false;//除了刚摁下和长摁的其它状态均设置为
false
        }
        }
        }
    }
    }
```

　　将制作好的脚本文件"TouchTap.cs"绑定到"huaningtao"上，如图3-14所示。被射线检测的物体必须要有碰撞体，点击按钮"Add Component"给模型"huaningtao"增加胶囊碰撞体"Capsule Collider"，调整Radius数值为"0.86"和Height数值为"2.7"，将模型包裹住，如图3-15所示。

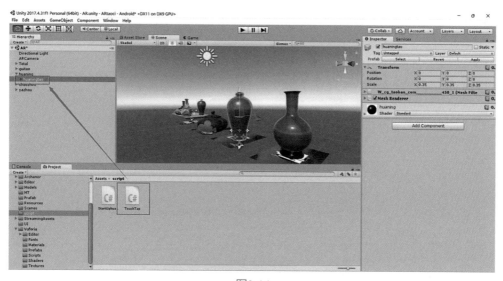

图3-14

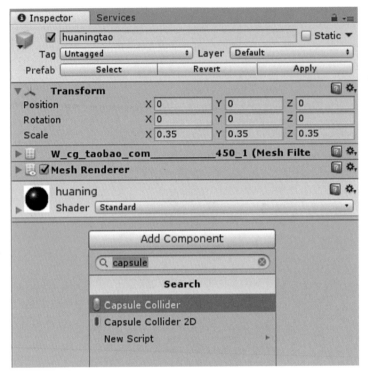

图3-15

### 4. 旋转

实现手动旋转模型，在"Project"面板空白处鼠标右键点击"Create"—"C#Script"创建脚本，命名为"PlayerRotate.cs"，具体代码如下。

旋转与缩放

```
public class PlayerRotate : MonoBehaviour
{
  float xSpeed = 100f;//旋转速度
    void Update ()
{
    if (Input.GetMouseButton(0))//判断是否触摸屏幕
    {
      if (Input.touchCount == 1)//单指触摸
      {
          if (Input.GetTouch(0).phase == TouchPhase.Moved)//第一个手指
的状态为滑动
        {
          var unused = GetComponent<Rotation>().enabled;
```

```
            var unused1 = GetComponent<Rotation>().enabled;
            transform.Rotate(Vector3.up*Input.GetAxis("Mouse X") * -xSpeed
      * Time.deltaTime,Space.World);//绕世界坐标旋转角度
                }
            }
        }
        }
    }
```

将制作好的脚本文件"PlayerRotate.cs"绑定到模型上，在选中"huanning"模型的状态下，在"Inspector"面板点击按钮"Add Component"搜索"PlayerRotate"，双击"PlayerRotate"脚本组件，即可完成"PlayerRotate"脚本的绑定，如图3-16所示。

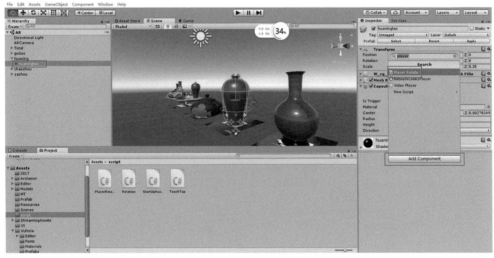

图3-16

实现自动旋转模型，在"Project"面板空白处鼠标右键点击"Create"——"C#Script"创建脚本，命名为"Rotation.cs"，具体代码如下。

```
public class Rotation : MonoBehaviour
{
    public static float speed = 0.3f;//设置物体的旋转速度
    void Update()
    {
        transform.Rotate(Vector3.forward * speed);
    }
}
```

将制作好的脚本文件"Rotation.cs"绑定到模型上，在选中"huanning"模型的状态下，在"Inspector"面板点击按钮"Add Component"搜索"Rotation"，双击"Rotation"脚本组件，即可完成"Rotation"脚本的绑定，如图3-17。

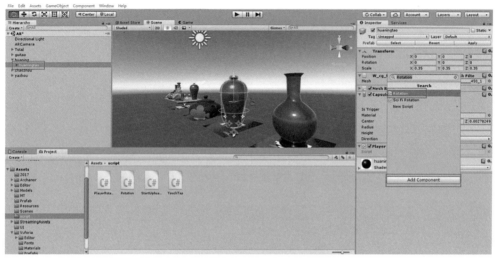

图3-17

### 5. 缩放

实现缩放功能，在"Project"面板空白处鼠标右键点击"Create"—"C#Script"创建脚本，命名为"Scale.cs"，具体代码如下。

```csharp
public class Scale : MonoBehaviour
{
    float xSpeed = 150.0f;//x方向的速度
    Vector2 oldPos1;
    Vector2 oldPos2;//位置信息
    void Update()
    {
        if (Input.touchCount == 2)
        {
            if (Input.GetTouch(0).phase == TouchPhase.Moved || Input.GetTouch(1).phase == TouchPhase.Moved)
            {
                Vector2 tempPos1 = Input.GetTouch(0).position;//记录手指位置
                Vector2 tempPos2 = Input.GetTouch(1).position;
                if (isEnLarge(oldPos1, oldPos2, tempPos1, tempPos2))//如果是放大手势
                {
```

```
            float oldScale = transform.localScale.x;
                //放大的倍数 如果要修改 例如:oldScale * 1.025f 修改成
oldScale * 1.25f 根据自己需求修改
            float newScale = oldScale * 1.025f;
                transform.localScale = new Vector3(newScale, newScale,
newScale);
            }
            else//缩小手势
            {
            float oldScale = transform.localScale.x;
                //缩小的倍数 如果要修改 例如:oldScale / 1.025f 修改成
oldScale / 1.25f 根据自己需求修改
            float newScale = oldScale / 1.025f;
                transform.localScale = new Vector3(newScale, newScale,
newScale);
            }
            oldPos1 = temPos1;
            oldPos2 = temPos2;
            }
        }
        }
        //判断手势
        bool isEnLarge(Vector2 oP1, Vector2 oP2, Vector2 nP1, Vector2 nP2)
        {
            float length1 = Mathf.Sqrt((oP1.x - oP2.x) * (oP1.x - oP2.x) + (oP1.y -
oP2.y) * (oP1.y - oP2.y));
            float length2 = Mathf.Sqrt((nP1.x - nP2.x) * (nP1.x - nP2.x) + (nP1.y -
nP2.y) * (nP1.y - nP2.y));
            if (length1 < length2)
            {
            return true;
            }
            else
            {
            return false;
            }
        }
    }
```

将制作好的脚本文件"Scale.cs"绑定到模型上，在选中"huanning"模型的状态下，在"Inspector"面板点击按钮"Add Component"搜索"Scale"，双击"Scale"脚本组件，即可完成"Scale"脚本的绑定。如图3-18所示。

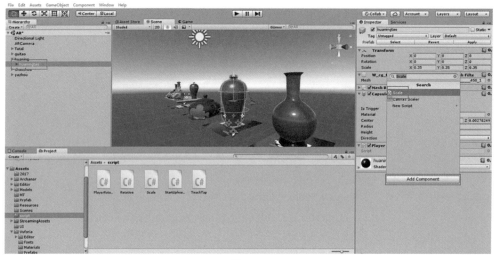

图3-18

### 6. 截屏

在"Hierarchy"面板空白处鼠标右键点击"Camera"创建一个摄像机，且命名为"UICamera"，用于渲染UI。

截 屏

修改摄像机参数，让"UICamera"只渲染UI层，Culling Mask选择"UI"；只渲染UI不需要有远近大小，所以投射方式为正交，Projection选择"Orthograpgic"；按钮需要显示在最上面，深度需要大于"ARCamera"的深度，将"UICamera"的深度(Depth)修改为"2"；修改深度之后，游戏背景显示为天空盒，要想背景显示为"ARCamera"照射到的场景，ClearFlags需选择"Depth only"，如图3-19所示，完成"UICamera"参数修改。

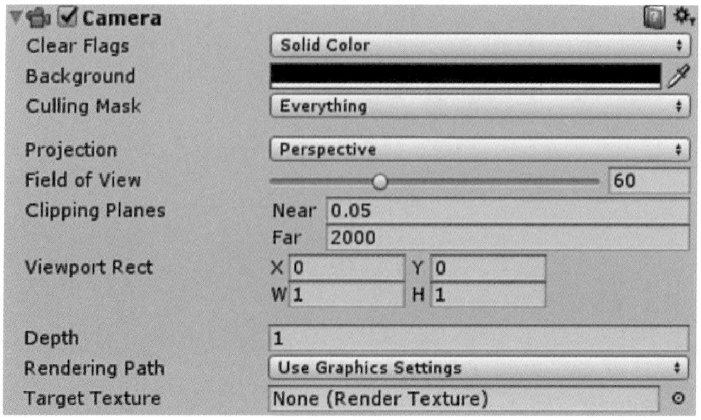

图3-19

在"Hierarchy"面板空白处鼠标右键点击"Button"新建一个按钮，修改"Button"的text为"截图"和Normal Color为"0DA69DFF"。在选中"Canvas"的状态下，在"Inspector"面板指定渲染摄像机，RenderMode选择"ScreeSpace-Camera"，然后将"UICamera"指定给"RenderCamera"，如图3-20所示，完成渲染摄像机的指定。

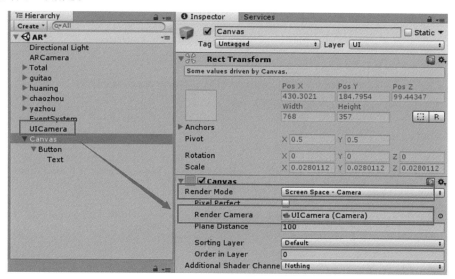

图3-20

实现截屏功能，在"Project"面板空白处鼠标右键点击"Create"—"C#Script"创建脚本，命名为"Screenshoot.cs"，具体代码如下。

```
using System.Collections;
using System.Collections.Generic;
using UnityEngine;
using System.IO;
using UnityEngine.UI;
public class Screenshoot : MonoBehaviour
{
    private Camera arCamera;
    void Start()
    {
        arCamera = GameObject.Find("ARCamera").GetComponent<Camera>();//获取ARCamera
    }
    public void OnScreenShotClik()//点击截屏按钮
    {
```

```
//命名规则
System.DateTime now = System.DateTime.Now;//获得当前系统事件
string times = now.ToString();//转化为字符串
times = times.Trim();//删除字符串的空格
times = times.Replace("/", "-");//将/替换成-
string fileName = "ARScreenShot" + times + ".png";//截图命名
if (Application.platform == RuntimePlatform.Android)//安卓平台
{
    RenderTexture rt = new RenderTexture(Screen.width, Screen.height, 1);
    arCamera.targetTexture = rt;
    arCamera.Render();
    RenderTexture.active = rt;
        Texture2D texture = new Texture2D(Screen.width, Screen.height,
TextureFormat.RGB24, false);//截取屏幕
        texture.ReadPixels(new Rect(0, 0, Screen.width, Screen.height), 0,
0);//读取整个屏幕贴图
    texture.Apply();//应用
    arCamera.targetTexture = null;
    RenderTexture.active = null;
    Destroy(rt);
    byte[] bytes = texture.EncodeToPNG();//将PNG转化为字节数组
    string destination = "/sdcard/DCIM/Screenshots";//存储目录
    if (!Directory.Exists(destination))//判断是否目录存在
    {
        Directory.CreateDirectory(destination);//不存在 创建目录
    }
    string pathSave = destination + "/" + fileName;//文件        路径
    File.WriteAllBytes(pathSave, bytes);//保存到此路径下
    }
  }
}
```

　　给"Button"增加点击事件，将脚本文件"Screenshoot.cs"绑定到"Canvas"上。在选中"Canvas"的状态下，在"Inspector"面板点击按钮"Add Component"搜索"Screenshoot"，双击"Screenshoot"脚本组件，即可完成"Rotation"脚本的绑定。

找到按钮"Button"的"Button"组件下的"onClick()"参数，点击"+"号创建一个事件，绑定挂载脚本的游戏对象"Canvas"，如图3-21所示。Function选择"Screenshoot-OnScreenShotClik()"，完成点击事件的增加。

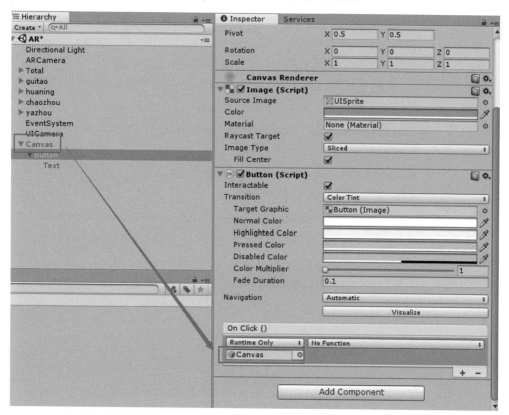

图3-21

### 7. 对焦、摄像头及闪灯光切换

对焦、摄像头及闪灯光切换功能实现，在"Project"面板空白处鼠标右键点击"Create"—"C#Script"创建脚本，命名为"CameraSetting.cs"。

对焦、摄像头及
闪灯光切换

将脚本"CameraSetting.cs"绑定到"ARCamera"上。在选中"ARCamera"的状态下，在"Inspector"面板点击按钮"Add Component"搜索"CameraSettingt"，双击"CameraSetting"脚本组件，完成"CameraSetting"脚本的绑定。

程序启动，摄像头自动聚焦，或点击某个区域，摄像头聚焦。具体代码如下。

```
using System.Collections;
using System.Collections.Generic;
using UnityEngine;
```

```
namespace Vuforia
{
    public class CameraSetting : MonoBehaviour
    {
        void Start()
        {
            var vuforia = VuforiaARController.Instance;//程序开始时需要干什么
            vuforia.RegisterVuforiaStartedCallback(OnVuforiaStarted);
            vuforia.RegisterOnPauseCallback(OnPaused);
        }
        private void OnVuforiaStarted()//程序启动完成之后
        {
            CameraDevice.Instance.SetFocusMode(CameraDevice.FocusMode.
FOCUS_MODE_CONTINUOUSAUTO);//自动对焦
        }
        private void OnPaused(bool isPaused)//暂停再重新启动的时候
        {
        }
        public void OnFocusModeClick()
        {
            CameraDevice.Instance.SetFocusMode(CameraDevice.FocusMode.
FOCUS_MODE_TRIGGERAUTO);//点击后自动对焦
        }
    }
}
//前后摄像头切换，具体代码如下。
public void SwitchCameraDirection()
{
    //先停止运行
    CameraDevice.Instance.Stop();
    //取消初始化
    CameraDevice.Instance.Deinit();
    //开启前置摄像头
CameraDevice.Instance.Init(CameraDevice.CameraDirection.CAMERA_FRONT);
    CameraDevice.Instance.Start();
}
```

```
//闪光灯切换。具体代码如下。
public void FlashTourch(bool state)
{
    CameraDevice.Instance.SetFlashTorchMode(state);
}
```

在"Canvas"下新建按钮两个"Button"，Text分别修改为"切换前置""闪光灯"，如图3-22所示。

图3-22

创建好按钮后，接下来给切换前置按钮绑定点击事件。找到按钮"Button(1)"的"Button"组件下的"onClick()"参数，点击"+"号创建一个事件，绑定挂载脚本的游戏对象"Canvas"。Function选择"CameraSetting-SwitchCameraDirection()"，如图3-23所示。

图3-23

给闪光灯按钮绑定点击事件。找到按钮"Button(2)"的"Button"组件下的"onClick()"参数，点击"+"号创建一个事件，绑定挂载脚本的游戏对象"Canvas"。Function选择"CameraSetting-FlashTourch()"，如图3-24所示完成点击事件的增加。

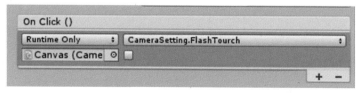

图3-24

### 8. 场景切换

界面左上角菜单栏依次选择"File"—"Scene",新建一个场景。Ctrl+S将场景保存到路径ARtaoci/Assets/Scenes下,且将场景命名为"Scenes1"。

场景切换和退出
软件

场景创建完成后,给场景里添加UI。在"Hierarchy"面板空白处鼠标右键依次增加"Canvas""Image""button"和"GameObject",如图3-25所示。

图3-25

接着点击左上角的"File"—"Build-Settings",点击"add open Scene",把当前场景"Scene1"添加进去,然后打开第一个创建的场景"Scene2",用同样的方式添加进去。

在"Project"面板空白处鼠标右键点击"Create"—"C#Script"创建脚本,命名为"Scene.cs"代码,用于场景的转换。具体代码如下。

```csharp
using System.Collections;
using System.Collections.Generic;
using UnityEngine;
using UnityEngine.SceneManagement;
public class tiaozhuan : MonoBehaviour
{
        public void Jump()
    {
            SceneManager.LoadScene(1);
        }
    }
```

给"GameObject"上挂"Scene"代码。在选中"GameObjet"的状态下，在
Insoector面板点击按钮"Add Component"搜索"Scene"，双击"Scene"脚本组件，即
可完成"Scene"脚本的绑定。

然后选中开始体验按钮"Button"，找到按钮里面的"Button"组件的"onClick()"
参数，点击"+"号创建一个点击事件，绑定挂载脚本的游戏对象"GameObject"，
Function选择"Scene-Jump()"，如图3-26所示，完成开始体验点击事件的增加。

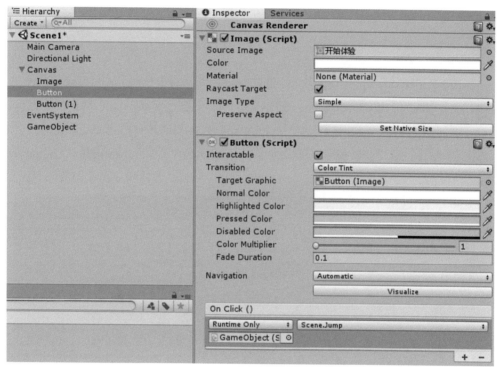

图3-26

## 9. 退出软件

在"Project"面板空白处鼠标右键点击"Create"—"C#Script"创建脚本，命名为
"Endgame.cs"，用于控制游戏的退出。具体代码如下。

```
using System.Collections;
using System.Collections.Generic;
using UnityEngine;
public class Endgame : MonoBehaviour
{
        void Start ()
        {
```

```
        }
            void Update ()
        {

            }
        public void EndingGame()
    {

                Application.Quit();

        }
        }
```

在选中"Button (1)"的状态下，在Insoector面板点击按钮"Add Component"搜索"Endgame"，双击"Endgame"脚本组件，即可完成"Endgamee"脚本的绑定。

选中退出按钮，找到按钮里面的"Button"组件的"OnClick()"参数，点击"+"号创建一个事件，绑定挂载脚本的游戏对象"Button(2)"，Function选择"Endgame-EndingGame()"，如图3-27所示。场景"Scene2"的退出按钮同上操作即可。

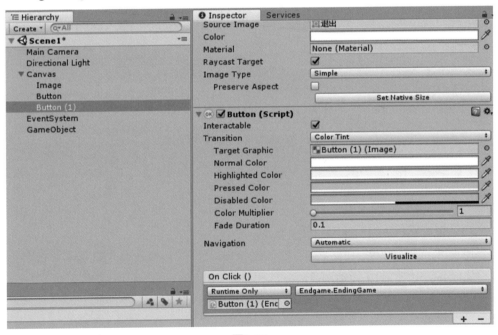

图3-27

### 3.2.4 案例发布

在菜单栏中点击"File-Build Settings"，点击"PlayerSettings"在PC端勾选"Vuforia Augmented Realit"，最后点击"Build"即可导出App，如图3-28所示。

案例发布

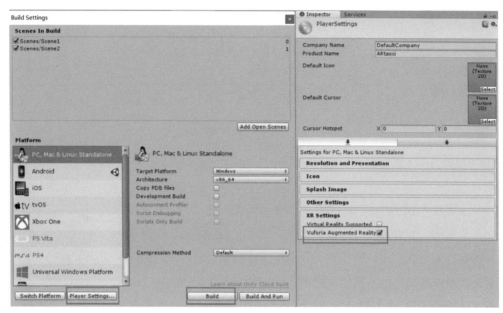

图3-28

案例发布效果如图3-29、3-30所示。

图3-29

图3-30

# 第4章 AR西江夜市

## 4.1 案例简介

本案例利用Unity实现AR美食小吃虚拟现实交互。通过学习制作本案例，开发者可以认知中国两广饮食文化的发展历史及形成特点、菜系的形成，培养和引导学生形成健康生活方式，使学生在学习饮食文化中掌握健康知识、形成健康生活习惯。

第4章配套资源

用户可以通过扫描识别卡片展示西江夜市的传统美食模型，同时也可进行旋转、缩放、销毁等交互功能。

本案例开发用到的所有素材，均可从本章配套资源下载，如图4-1所示。

| 名称 | 修改日期 | 类型 | 大小 |
|---|---|---|---|
| 📁 识别图 | 2023/3/24 20:31 | 文件夹 | |
| ⬢ sourc.unitypackage | 2023/3/19 21:59 | Unity package file | 366,128 KB |

图4-1

## 4.2 案例实现

### 4.2.1 素材准备

本案例的制作需要用到的模型、音频、UI、动画素材，点击资源包"sourc.unitypackage"，导入即可添加到项目中。

### 4.2.2 环境配置

环境配置请查阅第1章，此处不再赘述。

### 4.2.3 功能实现

#### 1. UI界面交互

UI开始界面在"Project""Assets"面板下创建"Scene"文件夹，Ctrl+S快捷键将开始场景"StartScene"保存到"Scene"文件夹下，并把开始场景的命名改为"StartScene"。

UI界面交互

在"Hierarchy"面板下单击鼠标右键新建"UI"—"Canvas",在"Canvas"底下创建一个"Image"(1080*1920)和两个"Button",选择"Canvas"单击鼠标右键创建"UI"—"Image",选择"Canvas"单击鼠标右键创建"UI"—"Button",如图4-2所示。

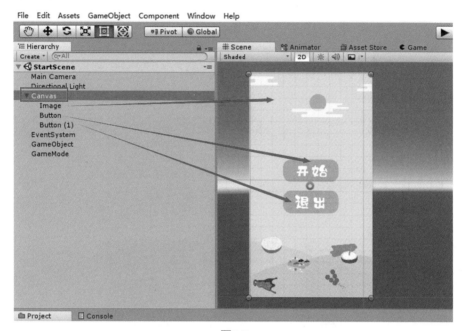

图4-2

在"Project"—"Assets"—"Image"文件夹中找到图片和按钮对应的UI。

在"Project"—"Assets"面板下创建"Scrip"文件夹,在"Scrip"文件夹下创建"StartScene"文件夹,"StartScene"文件夹用来存储对应场景的脚本。在"StartScene"文件夹下创建一个脚本并命名为"StartExit"(该脚本用来控制场景的退出和跳转)。双击打开脚本,创建如下代码:

```
using System.Collections;
using System.Collections.Generic;
using UnityEngine;
using UnityEngine.SceneManagement;
public class StartExit : MonoBehaviour
{
    public void OnStartGame()//开始游戏跳转场景
    {
        SceneManager.LoadScene(1);
    }
```

```
public void OnExitGame()//退出游戏
{
    UnityEditor.EditorApplication.isPlaying = false;
    Application.Quit();
}
}
```

在"Hierarchy"面板新建空对象，改名为"GameMode"，并把"StartExit"脚本赋给"GameMode"，如图4-3所示。

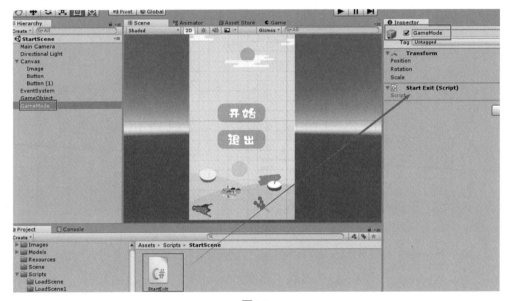

图4-3

虽然已经赋上了代码，但是按钮还是不能执行，需要为开始按钮添加点击事件。在"Hierarchy"面板中选择"Button"按钮，为其注册事件，在"Inspector"面板下找到"Button"组件，点击右下角的加号即可注册事件，将"GameMode"作为点击事件的"Object"，选择"StartExit"的"OnStartGame"函数。按以上步骤为"Button (1)"按钮也注册点击事件，并给"Button"组件选择"StartExit的OnExitGame"函数。

跳转界面（在资源新建场景，为跳转场景通过快捷键Ctrl+S自定义命名）。

在"Scene"文件夹下单击鼠标右键"Create"—"Scene"创建一个场景并命名为"JumpScene"。双击进入"JumpScene"场景。在"Hierarchy"面板中单击鼠标右键创建"UI"—"Canvas"，并在"Canvas"底下创建一个"UI"—"Image"（1080×1920），在"Image"底下创建"UI"—"Slider"和"UI"—"Text"，将"Text"改名为"PercentText"，将"Text"下面"Text"组件的text文字改成"0%"，调整"Image""Slider"以及"Text"的位置。

将对应的UI赋给"Image""Slider"，如图4-4、4-5所示。

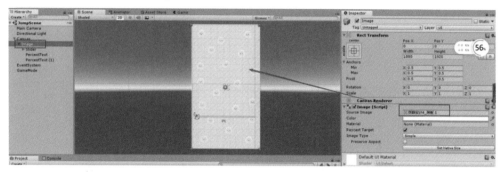

图4-4

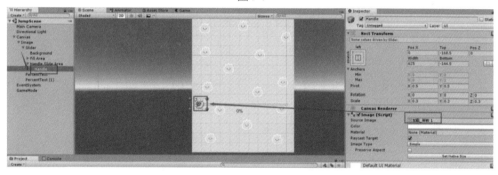

图4-5

在"Project"—"Assets"—"Scrip"文件夹下创建"JumpScene"文件夹，"JumpScene"文件夹用来存储对应场景的脚本。在"JumpScene"文件夹下创建一个脚本并命名为"Load"（该脚本用来控制场景的退出和跳转）。双击打开脚本，创建如下代码：

```
using System.Collections;
using System.Collections.Generic;
using UnityEngine;
using UnityEngine.UI;
using UnityEngine.SceneManagement;
public class Load : MonoBehaviour
{
        [SerializeField]
        Text Aegis_text;
        [SerializeField]
        Slider slider;
        float pointCount;
        float progress = 0;
        float total_time = 3f;
```

```
            float time = 0;
            void OnEnable()
            {
//开启协程
                StartCoroutine("AegisAnimation");
            }
            void Update()
            {
//记录时间增量
time += Time.deltaTime;
//当前进度随着时间改变的百分比
progress = time / total_time;
if (progress >= 1)
                {
                        return;
                }
//把进度赋给进度条的值
slider.value = progress;
            }
            void OnDisable()
            {
                //关闭协程
                StopCoroutine("AegisAnimation");
            }
            IEnumerator AegisAnimation()
            {
                while (true)
                {
                        yield return new WaitForSeconds(0.1f);
                        float f = slider.value;
                        //设置进度条的value值在某个区间的时候要显示
的字符串
                        string reminder = "";
                        if (f < 0.75f)
                        {
                                reminder = "正在加载";
```

```
                                   }
                                   else if (f < 0.9f)
                                   {
                                             reminder = "启动成功";
                                   }
                                   else
                                   {
        SceneManager.LoadScene(2); //准备加载序号为2的场景
                                             reminder = "进入游戏";

                                   }
                                   //显示字符串后面的"."
                                   pointCount++;
                                   if (pointCount == 7)
                                   {
                                             pointCount = 0;
                                   }
                                   for (int i = 0; i < pointCount; i++)
                                   {
                                             reminder += ".";
                                   }
                                   //把显示内容赋给场景中的text
                                   Aegis_text.text = reminder;

                         }
                }
        }
```

在"Hierarchy"面板新建空对象，改名为"GameMode"，并把"Load"脚本赋给"GameMode"。

### 2. 翻页效果

在"Scene"文件夹下单击鼠标右键"Create"—"Scene"创建一个场景并命名为"mainScene"。双击进入"mainScene"场景。在"Hierarchy"面板点击鼠标右键添加"Vuforia"—"Image"。选择"ImageTarget"，将"ImageTarget"下的"Image Target Behaviour"组件中的"Database"改为"KSDatabase""ImageTarget"改为"a"。如图4-6所示。

翻页效果

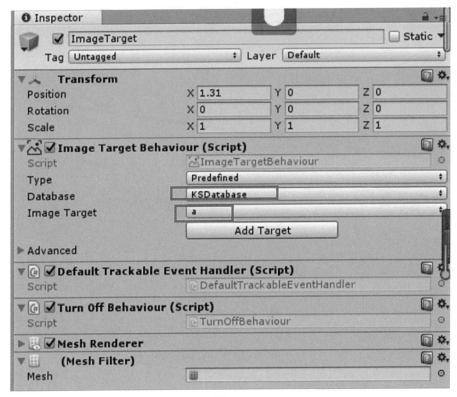

图4-6

介绍页共三页，通过点击上下页显示激活或者隐藏激活达到翻页效果。首先在识别图下方新建三个空白对象，分别命名为"介绍1""介绍2""介绍3"，关闭"介绍1""介绍2""介绍3"的激活。然后在"Project"—"Assets"—"Images"文件夹下将"介绍1_画板 1图片"和"下一页_画板 1_画板 1图片"直接拖拽到对应的"介绍1"空白对象下、将"介绍2_画板 1_画板 1图片"和"下一页_画板 1_画板 1图片"和"上一页_画板 1_画板 1图片"直接拖拽到对应的"介绍2"，将"介3绍_画板 1_画板 1图片"和"上一页_画板 1_画板 1图片"直接拖拽到对应的"介绍3"空白对象下，图片比较大需要通过缩放进行调整，位置要一一对应，第一页包括文字介绍和"下一页"图片按钮；第二页包括文字介绍和"上一页"图片按钮、"下一页"图片按钮；第三页包括文字介绍和"上一页"图片按钮。如图4-7所示。

每一个"下一页"和"上一页"图片按钮都需要添加"collider2D"碰撞器和"Event Trigger"组件，如图4-8所示。通过"Event Trigger"触发事件。"Event Trigger"组件需要添加的事件类型是"PointerClick"，点击"Add New Event Type"选择"PointerClick"。点击"+"可注册事件，摄像机需要添加射线检测，给摄像机添加一个"Physics 2D Raycast"组件。

图4-7

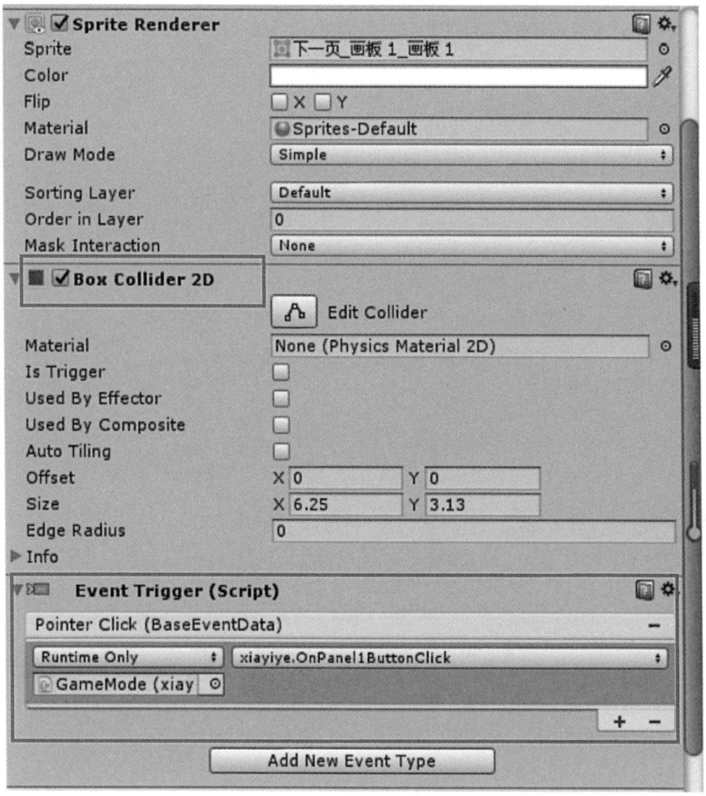

图4-8

在 "Project" — "Assets" — "Scripts" 文件夹下创建 "MainScene" 文件夹，MainScene文件夹用来存储对应场景的脚本。在 "MainScene" 文件夹下创建 "OneScene" 文件夹，"OneScene" 文件夹下创建一个脚本并命名为 "xiayiye"（该脚本用来显示翻页效果）。双击打开脚本，创建如下代码：

```
using System.Collections;
using System.Collections.Generic;
using UnityEngine;
using UnityEngine.UI;
public class xiayiye : MonoBehaviour
{
        public GameObject img;
        public GameObject img1;
        public GameObject img2;
        public void OnPanel1ButtonClick()
        {
//第一张下一页点击事件代码
                img.gameObject.SetActive(false);
                img1.gameObject.SetActive(true);
                img2.gameObject.SetActive(false);
        }
        public void OnPanel2ButtonClick()
        {
//第二张下一页点击事件代码
                img.gameObject.SetActive(false);
                img1.gameObject.SetActive(false);
                img2.gameObject.SetActive(true);
        }
        public void InPanel1ButtonClick()
        {
//第二张上一页点击事件代码
                img.gameObject.SetActive(true);
                img1.gameObject.SetActive(false);
                img2.gameObject.SetActive(false);
        }
        public void InPanel2ButtonClick()
        {
//第三张上一页点击事件代码
                img.gameObject.SetActive(false);
                img1.gameObject.SetActive(true);
                img2.gameObject.SetActive(false);
        }
}
```

在"Hierarchy"面板新建空对象，改名为"GameMode"，并把"xiayiye"脚本赋给"GameMode"。

### 3．播放视频

在Hierarchy面板点击鼠标右键添加"Vuforia"—"Image"。选择"ImageTarget"，将"ImageTarget"下的"Image Target Behaviour"组件中的Database改为"KSDatabase"，ImageTarget改为"b"。在"ImageTarget"识别图下添加"Quad"用来显示视频播放，在"Quad"下添加"Video Player"组件，将"Project"—"Assets"—"Video"文件夹下命名为"b"的视频赋给"Video Player"组件的"Source"。

播放视频与
虚拟按钮控制
视频播放

在识别图下添加空物体命名为"Audio_X"，在"Audio_X"下添加空物体命名为"AudioSourc"为"AudioSource"添加"AudioSource"组件，将"Project""Assets""Video"下命名为"b"的音频赋给"AudioSource"组件的"AudioClip"，如图4-9所示。

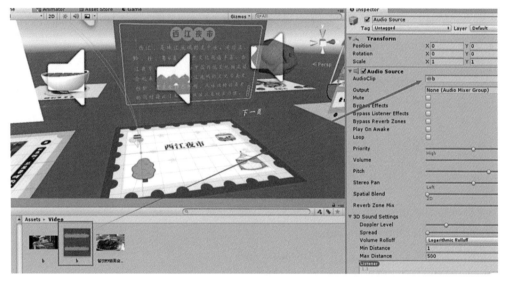

图4-9

### 4．虚拟按钮控制视频播放

虚拟按钮控制视频播放：识别图的"Image Target Behaviour"组件下面有一个"Add Virtual Button"按钮，可以添加虚拟按钮，在场景中虚拟按钮为默认的蓝色，但在手机上识别是看不到的，而且虚拟按钮的位置要在识别图上否则识别不出来，如图4-10所示。

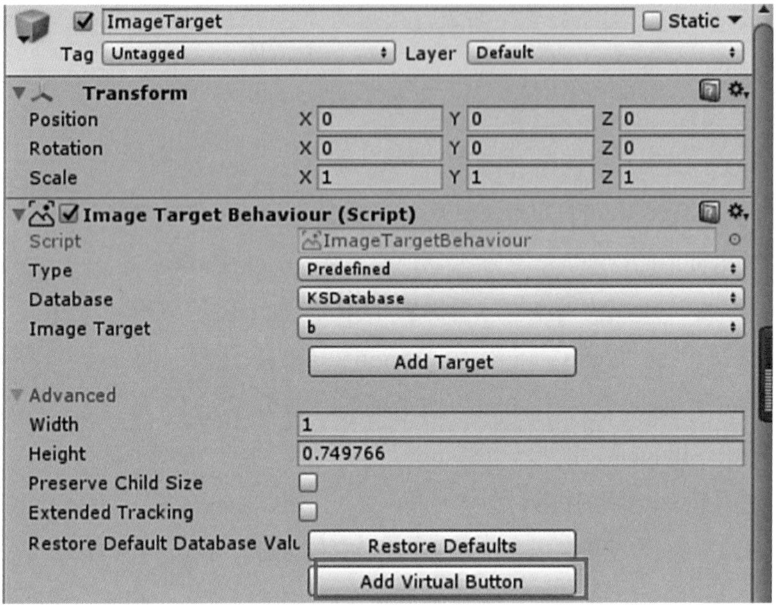

图4-10

复制一份"ImageTarget"下自带的"DefaultTrackableEventHandler"组件，改名为"VideoImageTarget"，并在末尾添加如下脚本：

```
//播放视屏
public void playVideo()
{
    //获取子物体的VideoPlayer 使视频播放
    GetComponentInChildren<VideoPlayer>().Play();
}
//暂停视屏
public void pauseVideo()
{
    //获取子物体的VideoPlayer 使视频暂停
    GetComponentInChildren<VideoPlayer>().Pause();
}
```

在"Project"—"Assets"—"Scripts"文件夹下创建"TwoScene"文件夹，在"TwoScene"文件夹下一个脚本并命名为"PlayerBtn"（该脚本使虚拟按钮可以控制视频播放）。双击打开脚本，创建如下代码：

```
using System.Collections;
using System.Collections.Generic;
```

```
using UnityEngine;
using UnityEngine.Events;
using Vuforia;
public class PlayerBtn : MonoBehaviour, IVirtualButtonEventHandler
{
    //创建回调函数
    public UnityEvent playEvent, pauseEvent;
    //用来记录是暂停还是播放 偶数播放 基数暂停
    private int count = 0;
    public AudioSource play;
    private void Awake()
    {
    //为虚拟按钮注册事件
GetComponent<VirtualButtonBehaviour>().RegisterEventHandler(this);
    }
    //当按下虚拟按钮
    public void OnButtonPressed(VirtualButtonBehaviour vb)
    {
        count++;
        if (count % 2 == 1)
        {
            //播放视频
            playEvent.Invoke();
            Debug.Log("count ==" + count);
            //播放代码
            if (!play.isPlaying)
            {
                play.Play();
            }
        }
        else
        {
            //暂停视频
            pauseEvent.Invoke();
            Debug.Log("count ==" + count);
            //暂停代码
```

```
        if (play.isPlaying)
        {
            play.Pause();
        }
    }
}
//松开虚拟按钮是出发
public void OnButtonReleased(VirtualButtonBehaviour vb)
{
}
}
```

最后将 "PlayerBtn" 脚本赋给虚拟按钮 "VirtualButton", 点击 "+" 号添加按钮注册事件并绑定脚本和函数, 操作如图4-11所示。

图4-11

## 5. 纸片风场景生成

在 "Hierarchy" 面板点击鼠标右键添加 "Vuforia" — "Image"。选择 "ImageTarget", 将 "ImageTarget" 下的 "Image Target Behaviour" 组件中的Database改为 "KSDatabase", ImageTarget改为 "c"。在 "ImageTarget" 识别图下在鼠标右键单击, "3D Object" — "Cube", 调整 "Cube" 大小作为在 "Project" — "Assets" — "Image" 文件

纸片风场景生成

夹中找到如图4-12图片 "ui", 并按照图4-12将图片拖到识别图下并摆好位置。

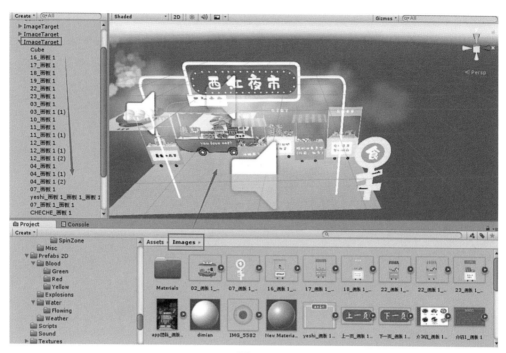

图4-12

### 6. 生成烟火气特效

在"Project"面板的搜索栏搜索"FogLively",将该特效放在识别图下边并调整位置,如图4-13所示。在"Cube"下添加"Audio Source"组件,将"Project"—"Assets"—"Image"文件夹下的夜市赋给"Audio Source"组件的"AudioClip",将"Audio Source"组件下"Loop"参数打勾其余关闭。

生成烟火气特效

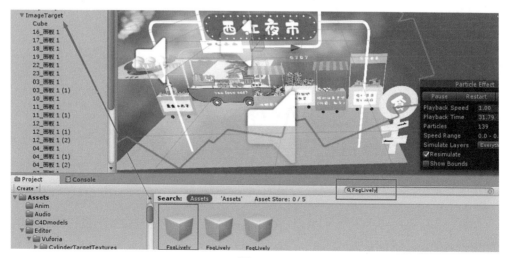

图4-13

### 7. 视频播放

复制 "DefaultTrackableEventHandle" 脚本，并改名为 "MyDefaultTrackable EventHandler"，在识别到物体时播放音频，未识别到时停止播放音频。脚本添加如下：

```
//播放代码
if (!play.isPlaying)
{
   play.Play();
   }
//暂停代码
  if (play.isPlaying)
{
   play.Pause();
   }
```

在西江夜市牌匾下添加 "collider2D" 碰撞器和 "Event Trigger" 组件。在 "Project" — "Assets" — "Scripts" 文件夹下创建 "ThereScene" 文件夹，在 "ThereScene" 文件夹下创建一个脚本并命名为 "JumpManyou"（该脚本使虚拟按钮可以控制视频播放）。双击打开脚本，创建如下代码：

```
using System.Collections;
using System.Collections.Generic;
using UnityEngine;
using UnityEngine.SceneManagement;
public class JumpManyou : MonoBehaviour
{
       public void OnClick()
   {
     SceneManager.LoadScene("TotalManyou");
//跳转到漫游场景开始页面
   }
 }
```

将 "JumpManyou" 脚本拖到 "GameMode" 上，"TriggerEvent Trigger" 组件需要添加的事件类型是 "PointerClick"，点击 "Add New Event Type" 选择 "PointerClick"。将 "GameMode" 作为 "Object"，然后绑定函数，如图4-14所示。

Box Collider 2D

Edit Collider

| Material | None (Physics Material 2D) | |
| Is Trigger | ☐ | |
| Used By Effector | ☑ | |
| Used By Composite | ☐ | |
| Auto Tiling | ☐ | |
| Offset | X 0 | Y 0 |
| Size | X 21.34 | Y 16 |
| Edge Radius | 0 | |

▶ Info

⚠ This collider will not function with an effector until there is at least one enabled 2D effector on this GameObject.

**Event Trigger (Script)**

Pointer Click (BaseEventData)　　　　　　　　　　　　　　　　　　　 —

| Runtime Only | ⬦ | JumpManyou.OnClick | ⬦ |

◉ GameMode (Jum｜

＋　—

Add New Event Type

Sprites-Default

Shader  Sprites/Default

图4-14

### 8. 漫游场景

"TotalManyou"页面漫游，在"Scene"文件夹下单击鼠标右键"Create"—"Scene"创建一个场景并命名为"TotalManyou"。双击进入"TotalManyou"场景。在"Hierarchy"面板创建"Canvas"，在"Canvas"底下创建一个"UI"—"Image"（1080*1920）和一个"UI"—"Button"，将漫游开始界面赋给"Image"和"Button"（开始）。

漫游场景

在"Project"—"Assets"—"Scripts"文件夹下创建"TotalManyou"文件夹，"TotalManyou"文件夹下创建一个脚本并命名为"MYjump"（该脚本用来跳转页面）。双击打开脚本，创建如下代码：

```
using System.Collections;
using System.Collections.Generic;
using UnityEngine;
using UnityEngine.SceneManagement;
public class MYjump : MonoBehaviour
{
public void OnClick()
  {
```

```
        SceneManager.LoadScene("JumpScene1");
    }
}
```

在"Hierarchy"面板新建空对象，改名为"GameMode"，并把"MYjump"脚本赋给"GameMode"。给"Button"添加点击事件，如图4-15所示。

图4-15

在"Project"—"Assets"—"Models"文件夹下将漫游场景模型拖到"Hierarchy"面板上，在"Hierarchy"面板搜索显示屏，在显示屏下一立方体下单击鼠标右键，添加"3D Object"—"Quad"，用"Quad"来显示视频播放。在"Quad"下面添加"Video Player"组件，将"Project"—"Assets"—"Video"文件夹下的美食视频赋给"Video Player"组件的"Source"，参数调整如图4-16所示。

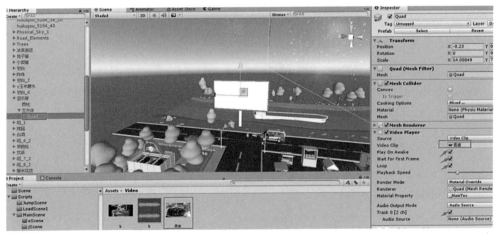

图4-16

UI搭建在"Hierarchy"面板创建"Canvas"，选择"Canvas"单击鼠标右键，选择"Canvas""UI""Image"面板创建"Canvas"，选择"Canvas"单击鼠标右键，选择"Canvas""UI""Image"创建两个"Image"，分别命名为"JoyStick-move"和"JoyStick-rotate",调整大小为"400*400"(可按自己需求调整);在"JoyStick-move"和"JoyStick-rotate"下分别创建"Image"并改名为"ViewPoint",调整大小为"350*350";在"JoyStick-move"和"JoyStick-rotate"下的"ViewPoint"创建"Image"改名为"Content",调整大小为"250×250",并给"Content"下的"Image"组件的"Source Image"添加图片。"Project"—"Assets"—"Images"文件夹下选择"IMG_5582"作为"Button"的"Source Image",将"JoyStick-move"和"JoyStick-rotate"放置在"Canvas"两边,如图4-17所示。"Canvas""UI""Button"创建一个"Button"。"Project""Assets""Images"文件夹下选择关闭画板作为"Button"的"Source Image",如图4-18所示。

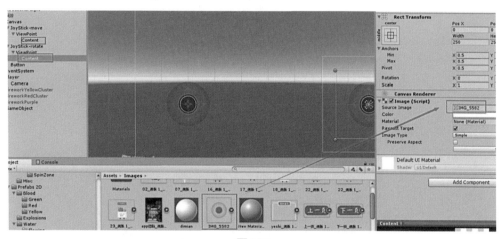

图4-17

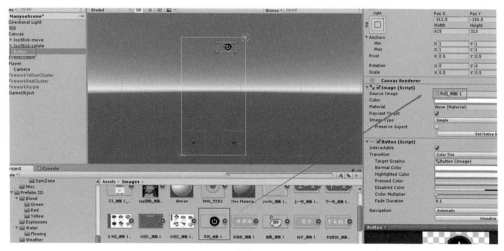

图4-18

玩家制作将"Hierarchy"面板上的"Vuforia Camera"删除,在"Hierarchy"面板创建圆柱作为玩家,将圆柱改名为"Player",新建"Camera"摄像机,将摄像机放在"Player"下作为玩家的眼睛。

漫游代码在"Project"—"Assets"—"Scripts"文件夹下创建"ManyouScene"文件夹,"ManyouScene"文件夹用来存储漫游场景的脚本。在"ManyouScene"文件夹下创建两个个脚本,分别命名为"MoveScript"和"RotateScript"(两个脚本用来控制玩家移动和旋转),将这两个脚本赋给"Player"玩家。双击打开脚本,创建如下代码:

移动代码:

```csharp
using System.Collections;
using System.Collections.Generic;
using UnityEngine;
public class MoveScript : MonoBehaviour
{
        public ScrollCircle scroll;
        private GameObject player;
        public Vector3 vec3;
        public float MoveSpeed = 10;//给定一个速度,为了解决移动速度过
快的问题
        // Use this for initialization
        void Start()
        {
                player = GameObject.Find("Player");
        }
        // Update is called once per frame
        void Update()
        {
vec3.x = scroll.output.x;
vec3.z = scroll.output.y;
        player.transform.Translate(vec3 * Time.deltaTime * MoveSpeed);
        }
}
```

旋转代码:

```csharp
using System.Collections;
using System.Collections.Generic;
using UnityEngine;
public class RotateScript : MonoBehaviour
```

```
{
        public ScrollCircle scroll;
        private GameObject player;
        // Use this for initialization
        void Start()
        {
                player = GameObject.Find("Player");
        }
        // Update is called once per frame
        void Update()
        {
                if (transform.localEulerAngles.z != 0)
                {
                        float rotX = transform.localEulerAngles.x;
                        float rotY = transform.localEulerAngles.y;
                        //rotY = Mathf.Clamp(rotY, -90, 90);
                        player.transform.localEulerAngles = new
Vector3(rotX,        rotY, 0);
                }
                player.transform.Rotate(new Vector3(scroll.output.x, scr
oll.output.y, 0));
        }
}
```

将 "MoveScript" 和 "RotateScript" 脚本下的参数与UI上的 "JoyStick-move"
和 "JoyStick-rotate" 相关联起来。

为 "JoyStick-move" 和 "JoyStick-rotate" 添加 "ScrollCircle" 脚本。脚本修改如下：

```
using System.Collections;
using System.Collections.Generic;
using UnityEngine;
using UnityEngine.EventSystems;
using UnityEngine.UI;
public class ScrollCircle : ScrollRect
{
        float radius = 0;
        public Vector2 output;
```

```
// Use this for initialization
void Start()
{
output = new Vector2();
//获得半径
radius = (transform as RectTransform).rect.size.x * 0.5f;
}
public override void OnDrag(PointerEventData eventData)
{
        base.OnDrag(eventData);
        Vector2 pos = content.anchoredPosition;
        if (pos.magnitude > radius)
        {
                pos = pos.normalized * radius;
                SetContentAnchoredPosition(pos);
        }
}
// Update is called once per frame
void Update()
{
        output = content.localPosition / radius;
    }
}
```

给"JoyStick-move"和"JoyStick-rotate"下的"ScrollCircle"脚本赋值；"ViewPoint"和"Content"是对应"JoyStick-move"和"JoyStick-rotate"下的子物体，如图4-19所示。

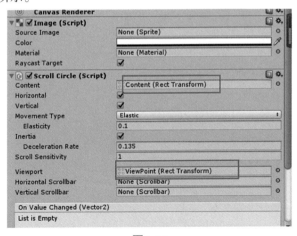

图4-19

设置"Canvas"—"Button"的退出按钮代码,在"Hierarchy"面板新建空对象,改名为"GameMode"。在"Project"—"Assets"—"Scene"下"ManyouScene"中创建一个新的脚本并改名为"ExitMain",并把"ExitMain"脚本赋给"GameMode"(该脚本用来返回夜市场景)。脚本如下:

```csharp
using System.Collections;
using System.Collections.Generic;
using UnityEngine;
using UnityEngine.SceneManagement;
public class ExitMain : MonoBehaviour
{
    public void OnClick()
    {
        SceneManager.LoadScene("mainScene");
    }
}
```

设置"Button"点击事件,如图4-20所示。

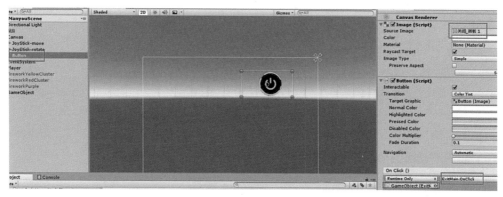

图4-20

### 9. 模型旋转

将带有碰撞器的模型赋予旋转代码:

模型旋转与缩放

```csharp
using System.Collections;
using System.Collections.Generic;
using UnityEngine;
public class PlayerRotate : MonoBehaviour
{
    float xSpeed = 150.0f;//沿着横屏的速度
```

```
// Use this for initialization
void Start()
{

}
// Update is called once per frame
void Update()
{
    if (Input.GetMouseButton(0))
    {
//判断触摸了屏幕
        if (Input.touchCount == 1)
        {
            if (Input.GetTouch(0).phase == TouchPhase.Moved)
            {
//Moved代表滑动的意思
                transform.Rotate(Vector3.up * Input.GetAxis("Mouse X") *
-xSpeed * Time.deltaTime, Space.World);
            }
        }
    }
}
```

### 10. 模型缩放

将带有碰撞器的模型赋予缩放代码：

```
using System.Collections;
using System.Collections.Generic;
using UnityEngine;
public class EnLarge : MonoBehaviour
{
        Vector2 oldPos1;
        Vector2 oldPos2;
        void Update()
        {
                if (Input.touchCount == 2)
```

```
                    {
                            if(Input.GetTouch(0).phase == TouchPhase.Moved
|| Inp     ut.GetTouch(1).phase == TouchPhase.Moved)
                    {
        //判断第一根或者第二根手指是否有移动
                            Vector2 temPos1 = Input.GetTouch(0).
position;//        第一个手指触摸到的位置
                            Vector2 temPos2 = Input.GetTouch(1).
position;//        第二个手指触摸到的位置
                            if (isEnLarge(oldPos1, oldPos2, temPos1,
temPos      2))
                            {
                                    float oldScale = transform.
localScale.x;
                                    float newScale = oldScale *
1.025f;
                                    transform.localScale = new Vect
or3(newScale,          newScale, newScale);
                            }
                            else
                            {
                                    float oldScale = transform.localScale.x;
                                    float newScale = oldScale / 1.025f;
                                    transform.localScale = new Vector3(newS
cale,          newScale, newScale);
                            }
                            oldPos1 = temPos1;
                            oldPos2 = temPos2;
                    }
                }
        }
        //判断手势
        bool isEnLarge(Vector2 oP1, Vector2 oP2, Vector2 nP1, Vector2 nP2)
        {
                float length1 = Mathf.Sqrt((oP1.x - oP2.x) * (oP1.x - oP2.x)+ (oP1.y -
oP2.y) * (oP1.y - oP2.y));
```

```
            float length2 = Mathf.Sqrt((nP1.x - nP2.x) * (nP1.x - nP2.x)        +
(nP1.y - nP2.y) * (nP1.y - nP2.y));
            if (length1 < length2)
            {
                    return true;
            }
        else
            {
                    return false;
            }
        }
```

### 11. 模型长按消失

将代码赋予给照射到模型的摄像机，摄像机要带有射线检测的组件"Physics Raycaster"或"Physics 2D Raycaster"（类型根据模型的碰撞器是2D还是3D）。

模型长按消失

```
    using System.Collections;
    using System.Collections.Generic;
    using UnityEngine;
    public class TouchTap : MonoBehaviour
    {
        private float touchTime;
        private bool newTouch = false;
        // Update is called once per frame
        void Update()
        {
            if (Input.GetMouseButton(0))
            {
                Ray ray = Camera.main.ScreenPointToRay(Input.
mousePos     ition);
                RaycastHit hitInfo;
                if (Physics.Raycast(ray, out hitInfo))
                {
                    //长按
                    if (Input.touchCount == 1)
```

```
                                                {
                                                    Touch touch = Input.
GetTouch(0);
                                                    if (touch.phase == TouchPhase.
Began)
                                                    {
                                                        newTouch = true;
                                                        touchTime = Time.time;
                                                    }
                                                    else if (touch.phase == TouchPhase.
Stationary)
                                                    {
                                                        if (newTouch == true && Time.time -
touchTime              > 1f)
                                                        {
                                                            newTouch = false;
                                                            Destroy(hitInfo.
collider.gameObject);
                                                        }
                                                    }
                                                    else
                                                    {
                                                        newTouch = false;
                                                    }
                                                }
                                            }
                                        }
                                    }
```

### 12. 模型的切换与交互

在 "Project" — "Assets" — "Models" 文件夹下将梧州龟苓膏模型和按钮模型拖入 "Hierarchy" 面板对应的识别图下面，给模型调整适合大小添加碰撞器及 "Audio Source" 组件；给模型按钮添加碰撞器及 "Event Trigger" 组件，为 "Trigger" 添加点击事件，将按钮改名为 "按钮a1"。在 "Project" — "Assets" — "Audio" 将龟苓膏介绍音频赋给龟苓膏模型

模型的切换
与交互

"Audio Source"组件的"Audio Click"。在"Project"—"Assets"—"Images"将"龟苓膏"介绍_画板1_画板1和"返回_画板1"拖到"Hierarchy"面板对应的识别图下面,调整合适的大小及位置,给"返回_画板1"添加碰撞器"collider"以及"Event Trigger"组件,并取消龟苓膏"介绍_画板1_画板1"的激活。

在"Project"—"Assets"—"Models"文件夹下将荔枝鸡模型和按钮模型(按钮需要3个)拖入"Hierarchy"面板对应的识别图下面,给模型调整适合大小添加碰撞器及"Audio Source"组件;给模型按钮添加碰撞器及"Event Trigger"组件,为"Trigger"添加点击事件,将按钮从左到右依次改名为"按钮c1""按钮c2""按钮c3"。在"Project"—"Assets"—"Audio"将烤肉音频赋给荔枝鸡模型"Audio Source"组件的"Audio Click"。在识别图下创建一个空物体,改名为"lizhiji",在"lizhiji"下面添加"Audio Source"组件,将荔枝鸡介绍音频赋给"lizhiji"的"Audio Source"组件"Audio Click"。在"Project"—"Assets"—"Images"将荔枝鸡"介绍_画板1画板1"和"返回_画板1"拖到"Hierarchy"面板对应的识别图下面,调整合适的大小及位置,给"返回_画板1"添加碰撞器"collider"以及"Event Trigger"组件,并取荔枝鸡"介绍_画板1_画板1"的激活。复制一份荔枝鸡模型(名为"荔枝鸡(1)"),给"荔枝鸡(1)"模型添加"Animator"组件,在"Project"—"Assets"—"Anim"文件夹下将"荔枝鸡(1)"赋给"Animator"组件下的"Controller",摆放位置如图4-21所示。

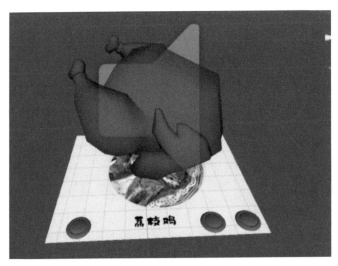

图4-21

在"Project"—"Assets"—"Models"文件夹下将小笼包模型和按钮模型拖入"Hierarchy"面板对应的识别图下面,给模型调整适合大小添加碰撞器及"Audio Source"组件;给模型按钮添加碰撞器及"Event Trigger",为"Trigger"

添加点击事件，将按钮改名为"按钮b1"。在"Project"—"Assets"—"Audio"将小笼包介绍音频赋给小笼包模型"Audio Source"组件的"Audio Click"。在"Project"—"Assets"—"Images"将小笼包"介绍\_画板 1\_画板 1"和"返回\_画板 1"拖到"Hierarchy"面板对应的识别图下面，调整合适的大小及位置，给"返回\_画板 1"添加碰撞器"collider"以及"Event Trigger"组件，并取消小笼包"介绍\_画板 1\_画板 1"的激活。在"Project"面板搜索"SoftFireAdditiveRed"，将"SoftFireAdditiveRed"特效放在小笼包识别图下面将位置归零，调整大小。

接着需要将GameMode赋给每一个下一页和上一页图片按钮Event Trigger组件的Object，选择该对象点击对应脚本执行的函数。文字介绍第一页的下一页按钮事件设置如图4-22所示，其他也做相同设置。

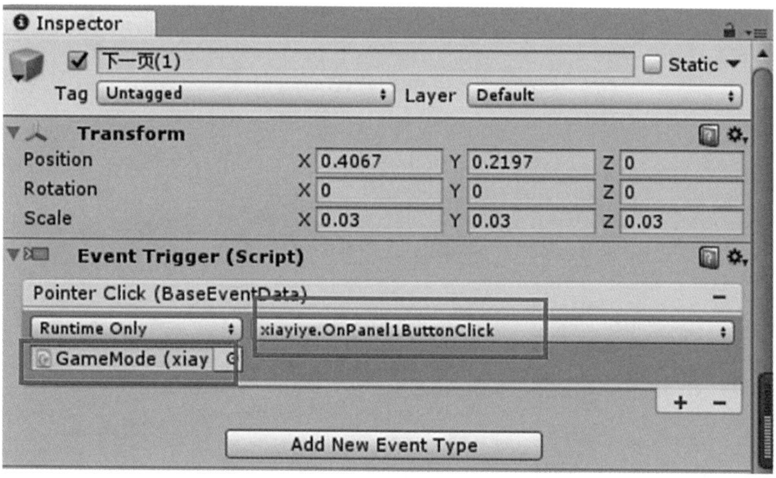

图4-22

在"Project"—"MainScene"文件夹下创建一个脚本，改名为"jieshao"，并把"jieshao"脚本赋给"GameMode"，并将脚本与对应物体关联，如图4-23所示。jieshao脚本如下：

```
using System.Collections;
using System.Collections.Generic;
using UnityEngine;
public class jieshao : MonoBehaviour
{
        public GameObject guilinggao;//龟苓膏介绍
        public GameObject xiaolongbao;//小笼包介绍
        public GameObject lizhiji;//荔枝鸡介绍
        public GameObject lizhijiEffect;//龟苓膏特效
```

```
public GameObject lizhiji1;//荔枝鸡模型1
public GameObject lizhiji2;//荔枝鸡模型2
public AudioSource guilinggaojieshao;//龟苓膏介绍音乐
public AudioSource xiaolongbaojieshao;//小笼介绍音乐
public AudioSource lizhijijieshao;//荔枝鸡介绍音乐
public AudioSource music;
public void OnButtonClicka1()
{
//龟苓膏按钮注册事件的函数
//龟苓膏文字介绍激活
            guilinggao.gameObject.SetActive(true);
//龟苓膏音频播放
            guilinggaojieshao.Play();
}
public void OnButtonClicka2()
{
//龟苓膏关闭文字介绍
            guilinggao.gameObject.SetActive(false);
//龟苓膏音频关闭
            guilinggaojieshao.Stop();
}
public void OnButtonClickb1()
{
//小笼包文字介绍激活
            xiaolongbao.gameObject.SetActive(true);
  //小笼包音频播放
            xiaolongbaojieshao.Play();
}
public void OnButtonClickb2()
{
//小笼包关闭文字介绍
            xiaolongbao.gameObject.SetActive(false);
//小笼包音频关闭
            xiaolongbaojieshao.Stop();
}
```

```
        public void OnButtonClickc1()
        {
//荔枝鸡文字介绍激活
            lizhiji.gameObject.SetActive(true);
            //荔枝鸡音频播放
            lizhijijieshao.Play();
        }
        public void OnButtonClickc2()
        {
//荔枝鸡关闭文字介绍
                lizhiji.gameObject.SetActive(false);
            //荔枝鸡音频关闭
                lizhijijieshao.Stop();
        }
        public void OnButtonClickc3()
        {
//荔枝鸡激活特效
                lizhijiEffect.gameObject.SetActive(true);
            //荔枝鸡烤肉音频播放
                music.Play();
            //荔枝鸡1模型关闭激活
                lizhiji1.gameObject.SetActive(false);
            //荔枝鸡2模型开启激活
                lizhiji2.gameObject.SetActive(true);
        }
        public void OnButtonClickc4()
    {
//荔枝鸡激活关闭                      lizhijiEffect.gameObject.SetActive(false);
        //荔枝鸡烤肉音频关闭
                music.Stop();
        //荔枝鸡1模型开启激活
                lizhiji1.gameObject.SetActive(true);
        //荔枝鸡2模型关闭激活
                lizhiji2.gameObject.SetActive(false);
        }
}
```

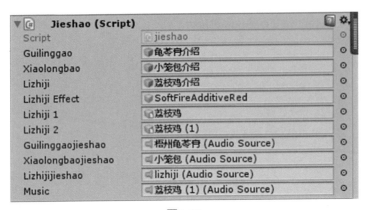

图4-23

给"按钮a1"的点击事件关联如图4-24所示，"按钮b1""按钮c1""按钮c2""按钮c3"事件关联也做类似设置。

图4-24

### 4.2.4　案例发布

在菜单栏中点击"File"—"Build Settings"，点击"PlayerSettings"在PC端勾选"Vuforia Augmented Realit"，最后点击"Build"即可导出App。

案例发布效果图如图4-25、4-26所示。

图4-25

图4-26

# 第5章　AR飞机

## 5.1　案例简介

　　本案例利用Unity对飞机进行增强现实交互设计与实现。通过学习制作本案例，开发者不仅可以认知中国航天飞机的基本模型，而且可以加深对航空精神的理解，体会到强大的民族自豪感和家国情怀，激发学生勇于突破探索的创新精神。

第 5 章配套资源

　　本案例有AR手办、AR纪念册两大功能。AR手办：扫描展台，就能出现飞机虚拟手办，模型设置了出场动画、特效，模型可以进行拆分、缩放、旋转等多种交互。AR纪念册：纪念册设置了AR视频、飞机AR文字与图片简介、AR虚拟立牌。

　　本案例开发用到的所有素材，均可从本章配套资源下载，如图5-1所示。

| 名称 ^ | 修改日期 | 类型 | 大小 |
|---|---|---|---|
| ◊ ARshouban.unitypackage | 2023/3/26 21:14 | Unity package file | 338,385 KB |
| ◊ ARshouce.unitypackage | 2023/3/26 16:35 | Unity package file | 444,098 KB |

图5-1

## 5.2　案例实现

### 5.2.1　素材准备

**1. 模型素材准备**

　　本案例的制作需要用到飞机、城市群等模型，点击资源包"ARshouban.unitypackage"，导入到项目中。

**2. 手册素材准备**

　　本案例制作需要用到AR手册相关素材，点击资源包"ARshouce.unitypackage"，导入到项目中。

### 5.2.2   环境配置

环境配置请查阅第1章，此处不再赘述。

### 5.2.3   功能实现

单指旋转和双指
缩放

#### 1. 单指旋转模型

为了使模型在手机应用中单指操作旋转，需创建脚本"RotateObject.cs"，具体代码如下。

```csharp
using System.Collections;
using System.Collections.Generic;
using UnityEngine;
public class RotateObject : MonoBehaviour
{
    float xSpeed = 150f;
    void Start()
    {
    }
    void Update()
    {
        //如果触摸了屏幕
        if (Input.GetMouseButton(0))
        {
            //判断是几个手指触摸
            if (Input.touchCount == 1)
            {
                //第一个触摸到手指头 phase状态 Moved滑动
                if (Input.GetTouch(0).phase == TouchPhase.Moved)
                {
                    //根据你旋转的 模型物体 是要围绕哪一个轴旋转 Vector3.up
是围绕Y旋转
                    transform.Rotate(Vector3.up * Input.GetAxis("Mouse X") *
xSpeed * Time.deltaTime);
                }
            }
        }
    }
```

将制作好的脚本文件绑定到飞机模型上，完成脚本绑定。

## 2．双指缩放模型

为了使模型在手机应用中单指操作旋转，需创建脚本"Scale.cs"，具体代码如下。

```
using System.Collections;
using System.Collections.Generic;
using UnityEngine;
//放大缩小功能 f
public class Scale : MonoBehaviour
{
    Vector2 oldPos1;
    Vector2 oldPos2;
    // Use this for initialization
    void Start()
    {
    }
    // Update is called once per frame
    void Update()
    {
        if (Input.touchCount == 2)
        {
            if (Input.GetTouch(0).phase == TouchPhase.Moved || Input.GetTouch(1).phase == TouchPhase.Moved)
            {
                Vector2 tempPos1 = Input.GetTouch(0).position;
                Vector2 tempPos2 = Input.GetTouch(1).position;
                if (isEnLarge(oldPos1, oldPos2, tempPos1, tempPos2))
                {
                    float oldScale = transform.localScale.x;
                    //放大的倍数 如果要修改 例如:oldScale * 1.025f 修改成
oldScale * 1.25f 根据自己需求修改
                    float newScale = oldScale * 1.025f;
                    transform.localScale = new Vector3(newScale, newScale, newScale);
                }
                else
```

```
                {
                    float oldScale = transform.localScale.x;
                        //缩小的倍数 如果要修改 例如:oldScale / 1.025f 修改成
oldScale / 1.25f 根据自己需求修改
                    float newScale = oldScale / 1.025f;
                        transform.localScale = new Vector3(newScale, newScale,
newScale);
                }
                oldPos1 = temPos1;
                oldPos2 = temPos2;
            }
        }
    }
    bool isEnLarge(Vector2 oP1, Vector2 oP2, Vector2 nP1, Vector2 nP2)
    {
        float length1 = Mathf.Sqrt((oP1.x - oP2.x) * (oP1.x - oP2.x) + (oP1.y -
oP2.y) * (oP1.y - oP2.y));
        float length2 = Mathf.Sqrt((nP1.x - nP2.x) * (nP1.x - nP2.x) + (nP1.y -
nP2.y) * (nP1.y - nP2.y));
        if (length1 < length2)
        {
          return true;
        }
        else
        {
          return false;
        }

    }
}
```

将制作好的脚本文件绑定到飞机模型上，如图5-2所示。

3．虚拟按钮

选择"ImageTarget"，点击"Add Virtual Button"添加虚拟
按钮，如图5-3所示。

虚拟按钮

虚拟按钮为透明状态，为方便测试，在按钮里添加"Plane"，如图5-4所示。

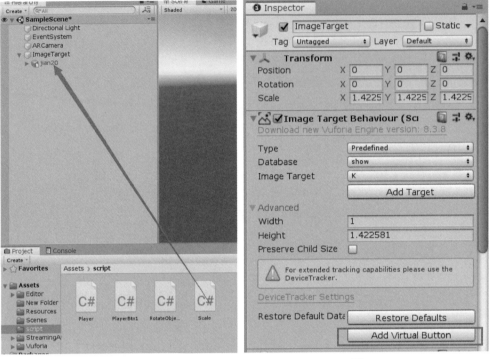

图5-2 图5-3

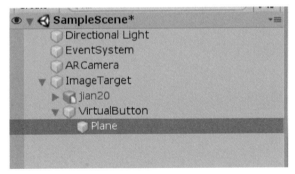

图5-4

新建"Image",如图5-5所示。

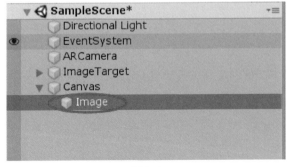

图5-5

设置"Canvas"中Render Mode为"World Space"，如图5-6所示。

图5-6

创建脚本"PlayerBtn1"，代码如下。

```
using System.Collections;
using System.Collections.Generic;
using UnityEngine;
using UnityEngine.Events;
using Vuforia; //导入Vuforia包
public class PlayerBtn1 : MonoBehaviour, IVirtualButtonEventHandler  //实现虚拟按钮接口
{
    //创建回调函数
    public UnityEvent playEvent, pauseEvent;
    //用来记录是暂停还是播放 偶数播放 基数暂停
    private int count = 0;
    private void Awake()
    {
        //为虚拟按钮注册事件      GetComponent<VirtualButtonBehaviour>().
RegisterEventHandler(this);
    }
    //当按下虚拟按钮
    public void OnButtonPressed(VirtualButtonBehaviour vb)
    {
        count++;
        if (count % 2 == 1)
        {
            //播放视频
            playEvent.Invoke();
```

```
        Debug.Log("count ==" + count);
    }
    else
    {
        //暂停视频
        pauseEvent.Invoke();
        Debug.Log("count ==" + count);
    }
}
//松开虚拟按钮是出发
public void OnButtonReleased(VirtualButtonBehaviour vb)
{
}
}
```

将制作好的脚本文件绑定到飞机模型上，如图5-7所示。

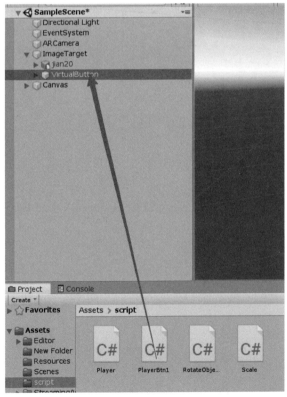

图5-7

给虚拟按钮添加点击事件，交互UI，并选择"SetActive(bool)"，如图5-8所示。

图5-8

模型出场动画和
拆分动画

## 4．模型出场动画

选择飞机模型，添加动画，新建动画器。具体操作如图
5-9、5-10所示。

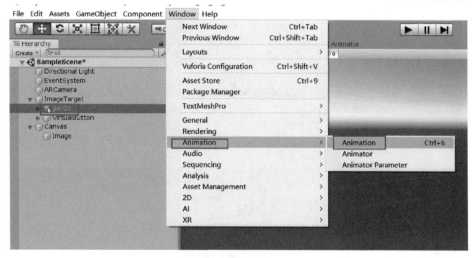

图5-9

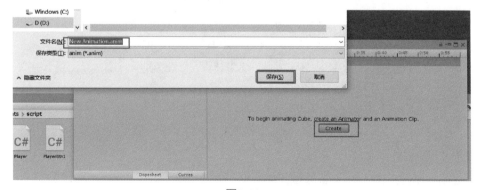

图5-10

给飞机模型添加旋转动画，修改Y轴数值，并打关键帧，具体操作如图5-11、5-12所示。

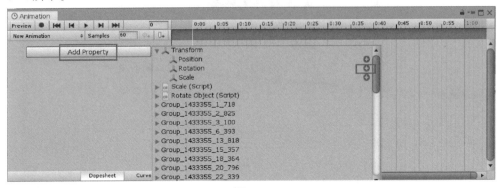

图5-11

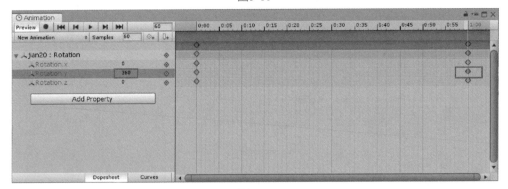

图5-12

取消循环播放，具体操作如图5-13所示。

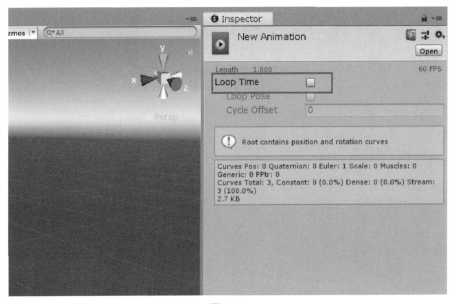

图5-13

### 5．模型拆分

复制一份飞机模型，得到飞机（1），新建一个动画器，命名为"fenjie"，选择飞机（1），并修改动画器为"fenjie"，具体操作如图5-14、5-15所示。

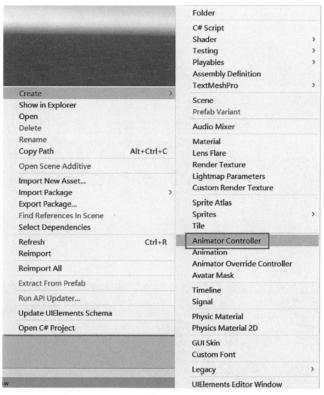

图5-14

图5-15

选择飞机（1）模型，添加动画，命名为"fenjie"。修改Z轴数值打关键帧，给飞机部件添加位置动画，具体操作如图5-16、5-17、5-18所示。

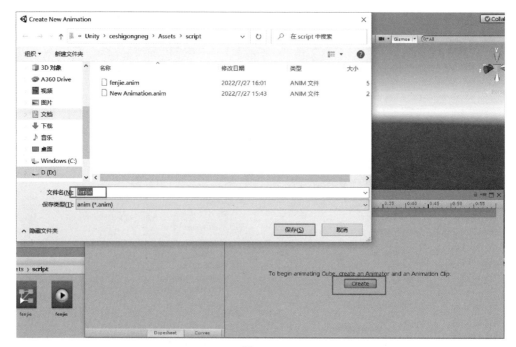

图5-16

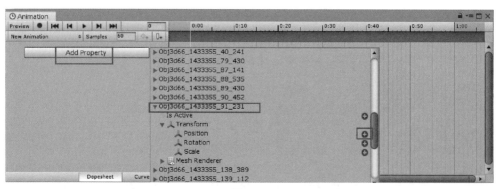

图5-17

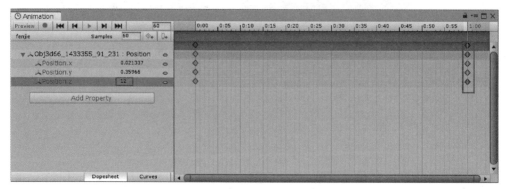

图5-18

选择飞机（1）动画器，并将动画"fenjie"拖入。右键黄色"fenjie"，选择
"Make Transition"连接到"fenjie 0"，右键"fenjie 0"，选择"Make Transition"
连接到"fenjie 0"，删除"fenjie"的"Motion"，具体操作如图5-19~5-22所示。

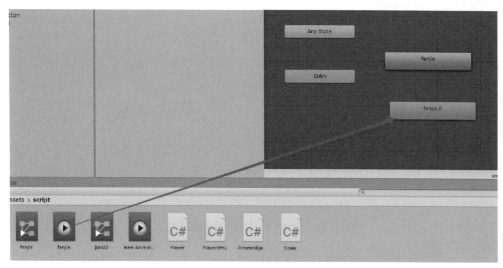

图5-19

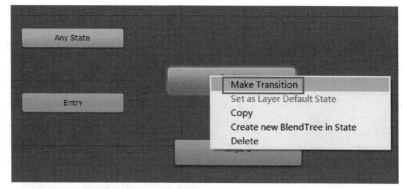

图5-20

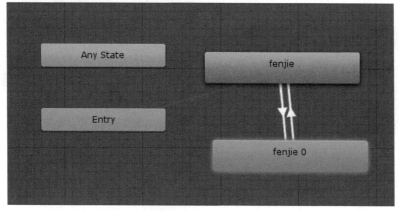

图5-21

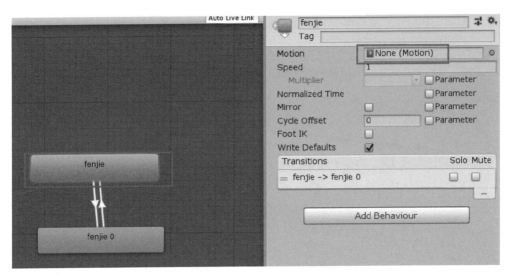

图5-22

　　将"fenjie"动画设置为最开始的动画并且循环播放，"fenjie 0"动画则设置为有条件触发，条件名"Test"，并且播放完一次后回到"fenjie"动画，即"fenjie 0"自身不循环播放并设置返回路径，以下不展示动画循环播放的设置，即在动画属性界面勾选"loop"，具体操作如图5-23、5-24、5-25所示。

图5-23

图5-24　　　　　　　　　　图5-25

　　新建一个按钮，并调整大小位置，具体操作如图5-26、5-27所示。

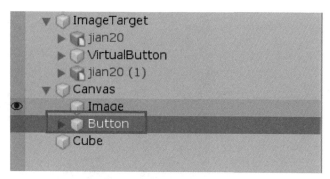

图5-26

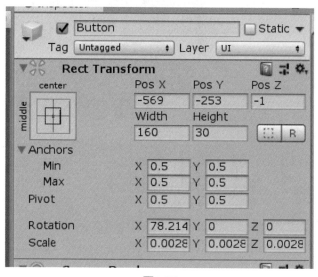

图5-27

新建"Player"脚本，将制作好的脚本文件绑定到飞机（1）模型上，如图5-28所示。具体代码和操作如下。

```
using System.Collections;
using System.Collections.Generic;
using UnityEngine;
public class Player : MonoBehaviour
{
    public Animator ani;
    public void Test()
    {
        this.ani.SetTrigger("Test");
    }
}
```

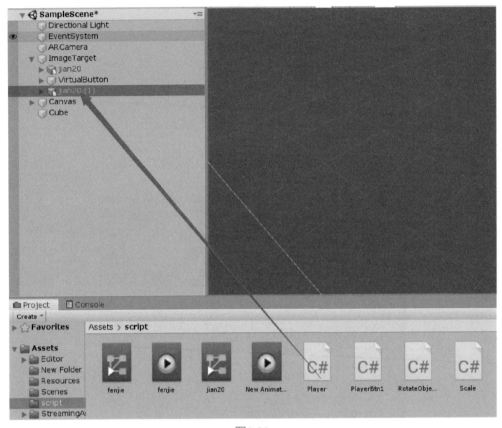

图5-28

将飞机（1）拖入"Ani"，具体操作如图5-29所示。

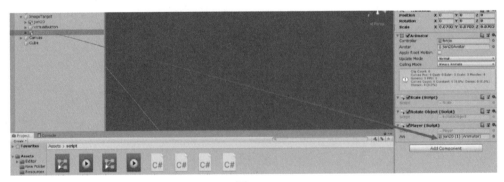

图5-29

选择按钮，添加点击事件，并将飞机（1）拖入，选择"Player.Test"，具体操作如下图5-30、5-31所示。

图5-30

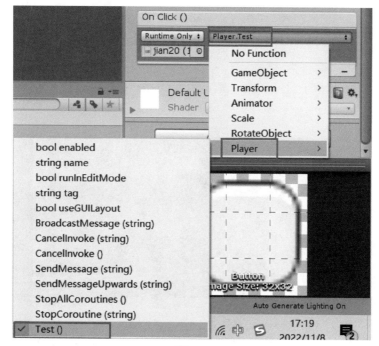

图5-31

### 6. 飞机模型尾气特效和出场特效

导入特效包，选择所需的特效挂载在飞机模型上，调整特效的位置大小和效果。

### 7. AR手册

AR手册第一页播放AR视频功能实现，先新建"ImageTraget(2)""Plane""按钮1"重命名为"暂停"、"按钮2"重命名为"播放"，在调整"Plane"和按钮的大小位置，"Canvas"的Render Mode修改为"World Space"，具体操作如图5-32、5-33所示。

飞机模型尾气特效和出场特效

AR手册

图5-32

图5-33

将飞机介绍视频赋予"Plane",取消勾选"Play On Awake",具体操作如图
5-34、5-35所示。

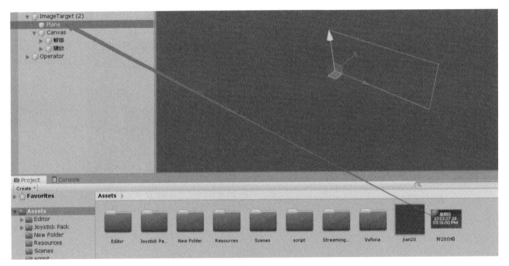

图5-34

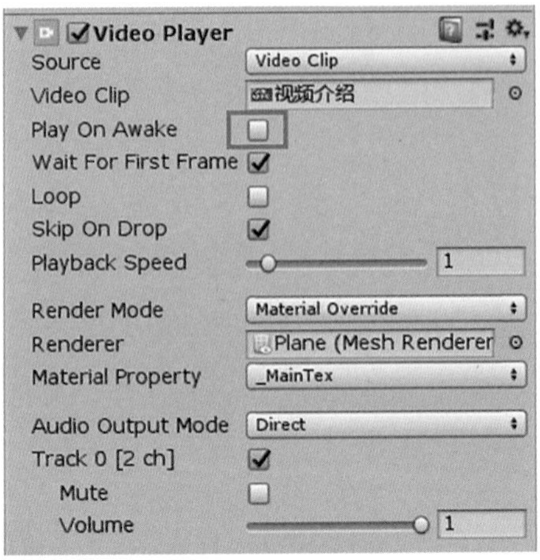

图5-35

为暂停和播放按钮添加点击事件，具体操作如图5-36、5-37所示。

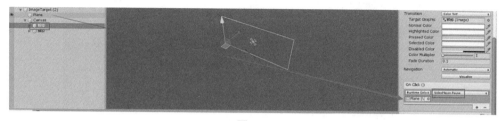

图5-36

图5-37

### 8. UI交互

AR手册第二页飞机图片简介、文字简介，点击下一页交互功能：新建"ImageTraget(1)"，具体操作如图5-38所示。

UI 交互

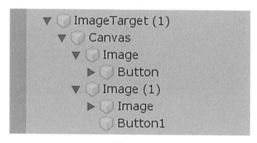

图5-38

给"Button"添加点击事件，并且把"Image(1)"和"Image(1)"下面的"Image"隐藏起来，具体操作如图5-39、5-40、5-41所示。

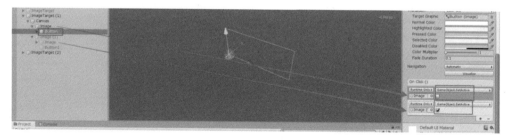

图5-39

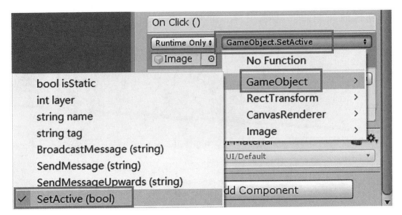

图5-40

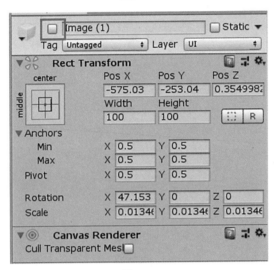

图5-41

　　点击图片交互功能，在"Image(1)"和"Image"下再新建一个"Button"和"Button1"，删除"Button"和"Button1"下的"Text"，调整按钮的位置大小，再调整"Button"和"Button1"的透明度为"0"，最后给两个按钮添加点击事件，具体操作如图5-42、5-43所示。

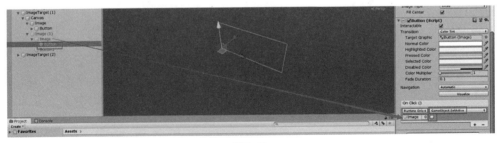

图5-42

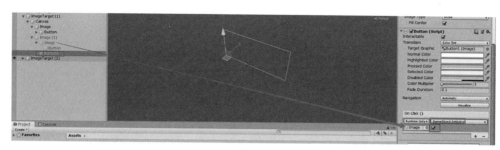

图5-43

### 9．AR手册第三页"虚拟立牌"

在第三页的图片识别目标下新建一个画布，命名为"虚拟立牌"。将新建的画布的渲染模式由"屏幕空间-覆盖"改为"世界空间"，并调节画布的位置和大小，如图5-44、5-45所示。

AR 手册第三、四页"虚拟立牌"

图5-44

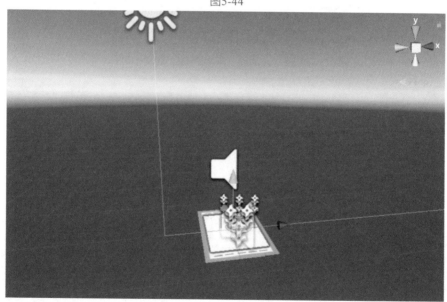

图5-45

虚拟立牌画布里新建一个UI图像，源图像选择立牌图片素材，并调节立牌在画布中的大小和位置，如图5-46、5-47所示。

图5-46

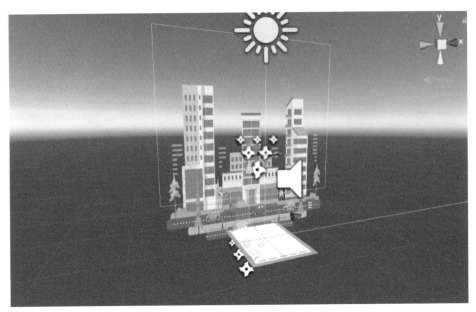

图5-47

新建一个画布，命名为"地面"。将新建的画布的渲染模式由"屏幕空间-覆盖"改为"世界空间"，并调节画布的位置和大小。地面画布里新建一个UI图像，源图像选择地面图片素材，并调节地面在画布中的大小和位置，如图5-48所示。

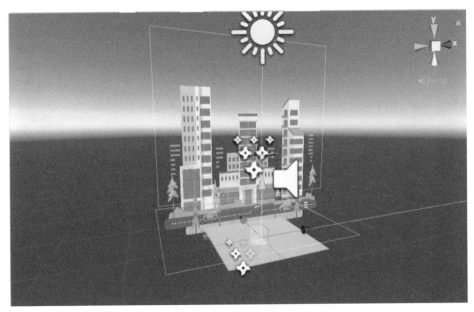

图5-48

加入树木、飞机模型等其他元素让虚拟立牌场景更加丰富，如图5-49所示。

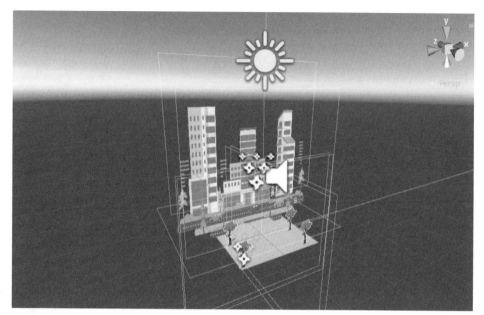

图5-49

加入烟花特效，给飞机模型制作飞机动画，让场景在扫描出来后呈现动态效果，如图5-50所示。

图5-50

### 10. AR手册第四页"虚拟立牌2"

在第四页的图片识别目标下新建一个画布，命名为"虚拟立牌2"。将新建的画布的渲染模式由"屏幕空间-覆盖"改为"世界空间"，并调节画布的位置和大小。虚拟立牌2画布里新建一个UI图像，源图像选择虚拟立牌2图片素材，并调节虚拟立牌2在画布中的大小和位置，如图5-51所示。

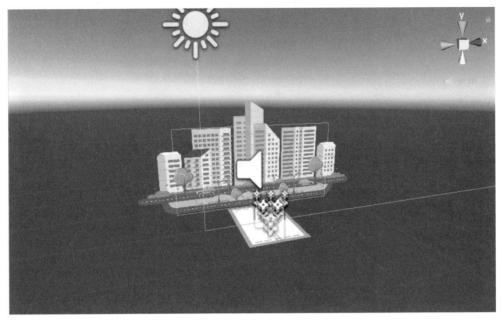

图5-51

新建一个画布，命名为"广场"。将新建的画布的渲染模式由"屏幕空间-覆盖改"为"世界空间"，并调节画布的位置和大小。广场画布里新建一个UI图像，源图像选择虚拟立牌2广场图片素材，并调节广场在画布中的大小和位置，如图5-52所示。

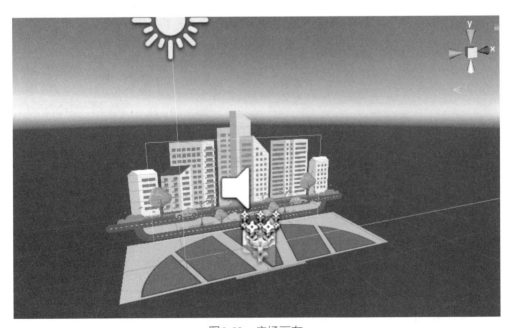

图5-52　广场画布

加入树木、花草、牌匾、鸽子等其他元素让虚拟立牌2场景更加丰富，如图5-53所示。

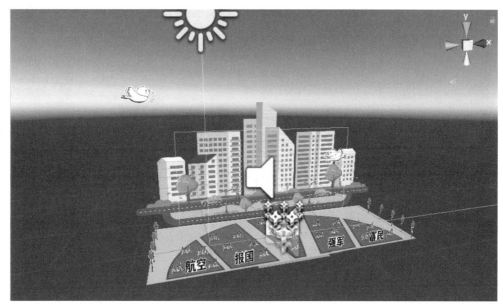

图5-53

加入雪花特效、喷泉特效，给鸽子制作动画，让场景在扫描出来后呈现动态效果，如图5-54所示。

图5-54

### 5.2.4　案例发布

在菜单栏中点击"File"—"Build Settings"，点击"PlayerSettings"在PC端勾选"Vuforia Augmented Realit"，最后点击"Build"即可导出App，如图5-55所示。

案例发布

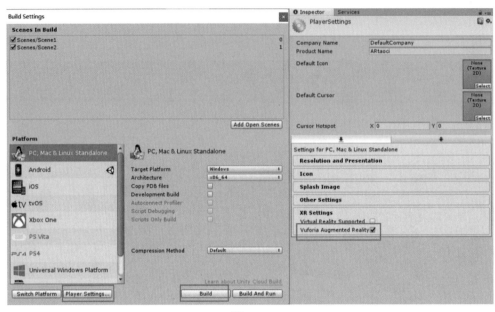

图5-55

案例发布效果图如图5-56所示。

图5-56

第二部分

# VR
# 实践案例

# 第6章　VR古镇

## 6.1　案例简介

本案例利用Unity虚拟现实技术实现古镇场景。通过学习制作本案例，不仅可以体会漫步在诗人笔下的小巷，加深对中国传统民居建筑的认知，还可以了解其演变历史。

用户可以通过VR手柄，实现在古镇里漫游、抓取、了解各个古镇的详情等功能。

第6章配套资源

本案例开发用到的所有素材，均可从本章配套资源下载，如图6-1所示。

| 名称 | 修改日期 | 类型 | 大小 |
| --- | --- | --- | --- |
| Images | 2023/3/11 10:30 | 文件夹 | |
| 场景资源 | 2023/3/11 10:30 | 文件夹 | |
| 音效 | 2023/3/11 10:30 | 文件夹 | |

图6-1

## 6.2　案例实现

### 6.2.1　模型素材

**1．模型素材准备**

本案例的制作需要用到VR古镇场景模型，选择场景资源文件夹里的所有素材，点击导入即可添加到项目中。

**2．UI素材**

本案例的制作需要用到UI素材，选择"Images"文件夹里的所有素材，点击导入即可添加到项目中。

**3．音频素材**

本案例的制作需要用到音频素材，选择音效文件夹里的音频，导入即可添加到项目中。

### 6.2.2 环境配置

**1．Steam VR的导入**

新建项目，在"Window"选择栏下打开"Asset Store"界面，如图6-2、6-3所示。

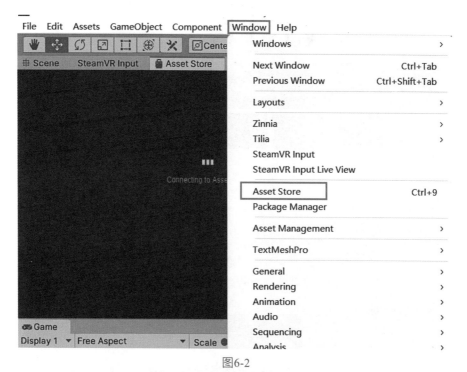

图6-2

图6-3

在"Asses store"中下载并导入VRTK 3.3.0版本，如图6-4所示。

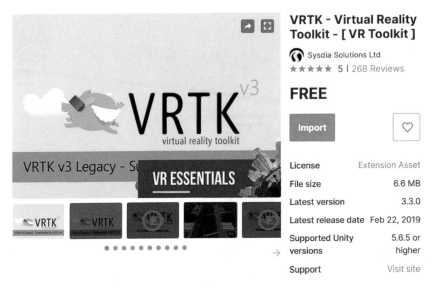

图6-4

## 2. VRTK的导入

点击"Edit"（编辑面板），打开"Project Setting"(项目设置)，在弹出的项目设置面板中选择最后一栏，进行XR插件下载，等待XR插件下载完成，如图6-5所示。

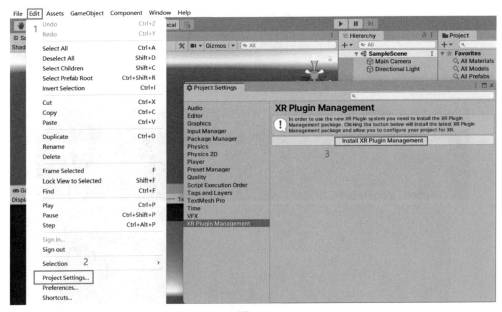

图6-5

等待XR插件下载完成后，在项目设置面板中选择"Player"，勾选"Deprecated Settings"后点击加号，在出现的栏目中添加"Open VR"即可，具体操作步骤如图6-6所示。

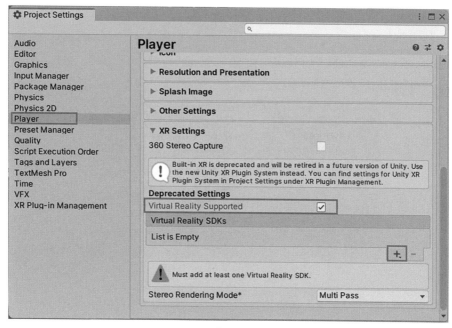

图6-6

在资源管理器中右键打开项目文件夹，打开里面的"Packages"文件夹，发现里面有两个文件，具体如图6-7 所示。在配套资源文件夹中拷贝"manifest.json"复制进当前文件夹中，替换原有的文件即可返回Unity等待插件的安装。

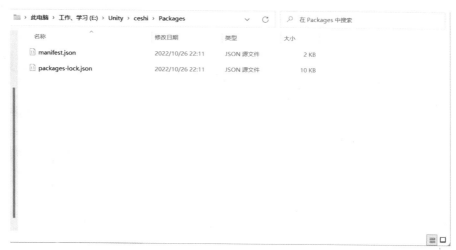

图6-7

### 6.2.3　场景搭建

#### 1. 场景导入

在资源文件夹"Assets"中新建"Scenes"文件夹，搜索

场景搭建

"StartScene"场景打开，并将此场景导入新建的"Scenes"文件夹中。再搜索"MainScene"场景，也将其导入"Scenes"文件夹中。"Assets/SteamVR/InteractionSystem/Prefabs"文件夹中找到"Player"并导入场景中，Player即玩家自身角色，如图,6-8所示。

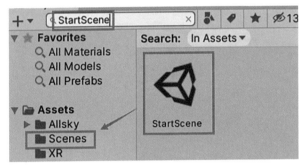

图6-8

## 2. 背景制作

在"Unity"资源文件夹中新建"Images"文件夹，将素材文件的"Images"文件夹中的所有图片导入文件夹，如图6-9所示。

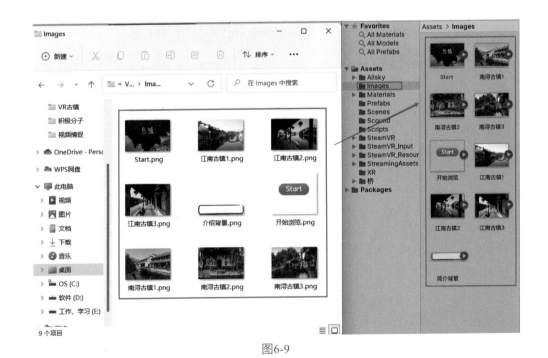

图6-9

选择所有图片，将图片格式转化为2D UI格式，方便后续图片的赋予。如图6-10所示。

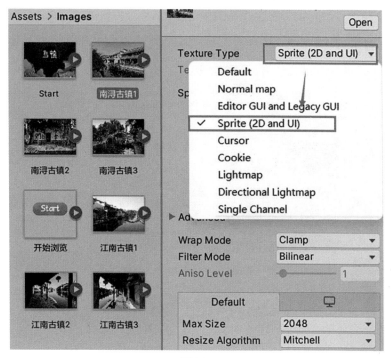

图6-10

在场景资源文件夹中右键选择"UI"中的"Canvas"，点击进行创建。

接下来修改参数，选择"Canvas"，在右侧修改渲染模式（Render Mode）为
"世界坐标"（World Space），修改参数，具体参数如图 6-11所示。

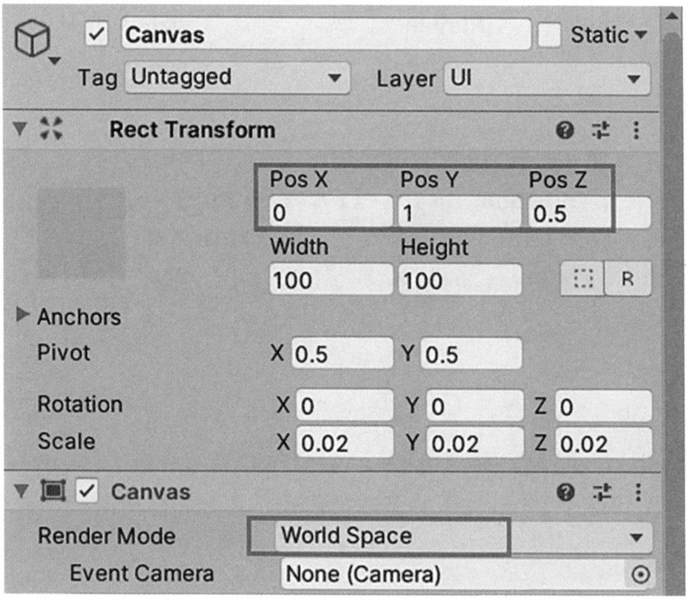

图6-11

选择创建的"Canvas"右键选择UI中的"Image"进行创建，修改图片的参数，找到刚刚添加的"Images"文件夹，将开始场景的背景图片赋予，具体如图6-12所示。

图6-12

### 3. 场景布置

在"MainScene"中，将场景中的"Player"位置进行修改至走廊的位置。具体参数如图6-13所示。

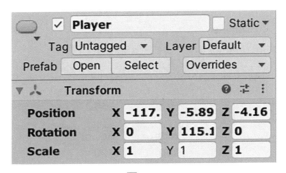

图6-13

创建"Canvas"，重命名为"Passage"，在"Passage"中创建"Image"，将图片的参数及位置进行修改，使图片位于走廊的墙上。将"Images"文件夹中的"南浔古镇1"图片赋予"Image"。具体操作及参数如图6-14所示。

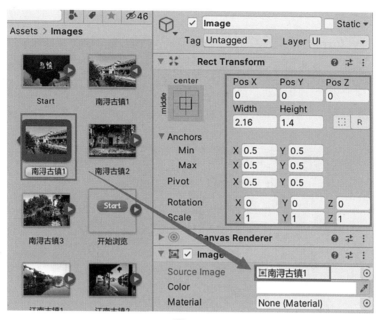

图6-14

将 "Image" 进行复制5份，修改X方向的坐标（可参考上图PosX），分别为1，4，7，15.5，19，22。修改后的效果如图6-15所示。

图6-15

依次更换 "Image" 的图片， "Image" ~ "Image2" 分别对应 "Images" 文件夹中的 "南浔古镇1" "南浔古镇2" "南浔古镇3"。 "Image3" ~ "Image5" 分别对应 "江南古镇1" "江南古镇2" "江南古镇3"。

#### 4. 图片放置

新建一个"Canvas"，将名字改为"Passage"，将"Prefabs"文件夹中的"Button"预制体拖入其中，修改名字为"Image1"此时位置是错误的，需要修改参数，将"Image1"移至第一张图片处。修改"Image1"中的"Image"的图片形式，对应第一张图片的名字——"南浔古镇1"。具体参数如图6-16所示。

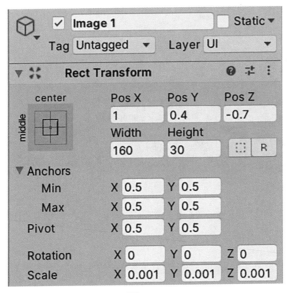

图6-16

当实现完上述操作后，发现图片的参数还有问题，将参数修改成如图6-17所示。

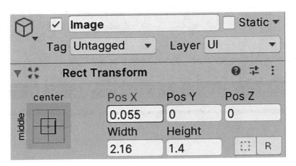

图6-17

#### 5. 介绍UI制作

古镇的图片已经摆放完成了，接下来制作关于古镇的介绍。首先制作介绍背景图片，选择"Image"创建新的"Image"重命名为"UI"，将"Assets"中的"Images"文件夹选择"简介背景"图片赋予"UI"，此时发现图片参数不对，具体操作及参数如图6-18所示。

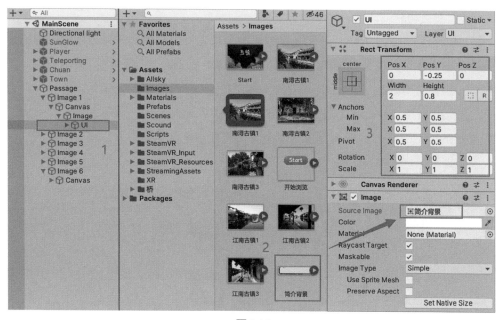

图6-18

　　根据上图操作完后，背景图片就完成了，接下来是简介的内容。首先选择UI图片，右键在UI栏下找到"Text"并创建。此时发现在UI图片中并没有出现文本，这是因为父级UI图片修改参数的原因而导致的。在配套资源文件夹中找到文本"简介内容"，打开发现里面有6段文字，分别对应后续的6张图片。先复制第一段文字到刚刚创建的文本中，将字体修改为导入的字体"STXINGKA"。最后是参数的修改，具体操作及参数如图6-19所示。

图6-19

**6. 交互功能设计**

前面已经完成了介绍背景和文字内容的制作，接下来要实现点击功能，即通过玩家点击图片后实现介绍内容。回顾前面介绍的交互功能，已经使用了"Button"预制体，则还需要修改"Button"的碰撞盒和"Player"玩家身上的组件。

在场景资源文件夹中右键选择UI中的"Event System"点击，发现跳转到"Player"中的"InputModule"，此时是隐藏状态，注意到右侧名字的地方，将名字左侧进行勾选上即可，具体操作如图6-20所示。

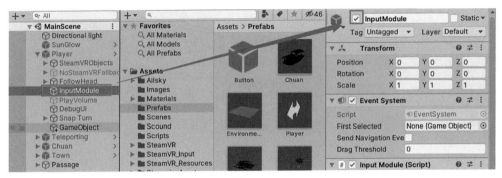

图6-20

在开始场景中的按钮点击功能中，通过给"Canvas"添加检测点击按钮代码，然后通过"OnClick"事件检测进行实现的。但是现在要实现的介绍内容的显示中，父级"Canvas"只有一个，而每一张图片分别对应了不一样的介绍内容，所以前面使用到的Onclick事件检测已经不能实现介绍内容的显示，接下来将使用别的方法进行实现。

在"Scripts"文件夹中创建新的脚本，命名为"ImageClick"后打开，引用UI命名空间，因为交互功能需要用到"OnClick"事件触发检测，所以需要继承"UIElement"代码，这时候需要打开"UIElement"代码，复制其命名空间：Valve.VR.InteractionSystem.UIElement，将原来的命名空间替换掉。具体代码如下所示。

```
using System.Collections;
using System.Collections.Generic;
using UnityEngine;
using UnityEngine.UI;
public class ImageClick : Valve.VR.InteractionSystem.UIElement
```

引用完后，便可使用"OnClick"函数来检测交互。因为要实现简介内容的显示和隐藏，所以需要获取需要控制的物体和一个布尔变量，通过控制显示和隐藏。具体的代码如下所示。

```
public class ImageClick : Valve.VR.InteractionSystem.UIElement
{
    public GameObject information;//简介内容物体(空对象)
    private bool isShowing;//布尔变量
    public AudioSource buttonAudio;
    private void Start()
    {
        information.SetActive(false);
        isShowing = false;
    }
    //监听按钮点击事件代码
    protected override void OnButtonClick()
    {
        base.OnButtonClick();
        OnClivk();
    }
    //点击后实现的代码
    public void OnClivk()
    {
        if (isShowing == false)
        {
            information.SetActive(true);
            isShowing = true;
        }
        else if (isShowing == true)
        {
            information.SetActive(false);
            isShowing = false;
        }
        buttonAudio.Play();
    }
}
```

将上面的代码写完后便可返回"Unity"界面，因为用不到"OnClick"监听事件，所以选择图片"Image1"，在右边移除掉"OnClick"监听事件和"UIElement"代码，操作如图6-21所示。

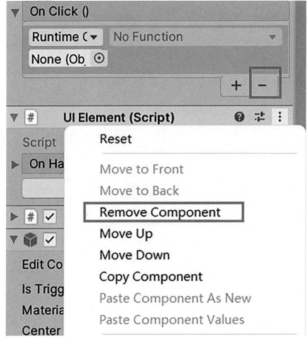

图6-21

将刚刚创建的代码 "ImageClick" 赋给图片 "Image1"，然后将图片中的UI赋予到 "ImageClick" 代码中的 "information" 即可。

进入场景进行测试，走到图片旁边，用手柄触碰图片并按下扳机键时发现古镇简介可以正常出现，再次按下扳机键时，简介又隐藏了。

接下来制作另外5张图片，选择图片 "Image1" 并将其复制5份，跟前面复制操作一致，修改X方向的坐标，分别为1，4，7，15.5，19，22。将文本中对应的简介内容分别复制进UI文本中，再对 "ImageClick" 函数进行赋值。

### 6.2.4　功能实现

#### 1. UI交互

隐藏刚刚新建的开始场景背景图片，选择创建的 "Canvas" 右键选择 "UI" 中的 "Button" 进行创建，选择 "Button" 中的 "Text"，修改文本为 "StartGame"。

选择 "Button"，在右侧中进行参数修改，接下来进行 "Button" 居中，点击图6-22中左侧的正方形框框，在弹出界面时按住Alt键，发现界面变成了图6-23，选择中间即可发现 "Button" 已经居中。

UI交互

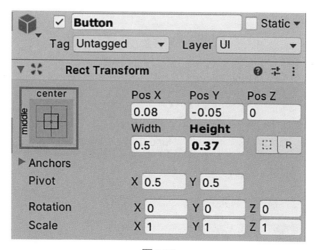

图6-22

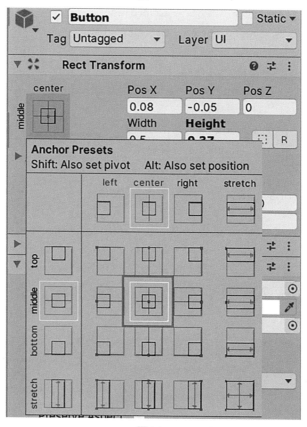

图6-23

参数设置完后，为"Button"添加"Interactable""UI Element"代码，添加"Box Collider"（盒子碰撞器）后续手柄才可与按钮进行碰撞检测，将"Box Collider"中的参数进行修改"Box Collider"参数设置。其中的160和30对应图6-24中的Width和Height，目的是保证碰撞器和按钮的大小一致。

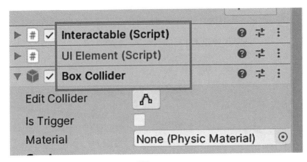

图6-24

修改按钮被选中和点击时的颜色，如图6-25所示。

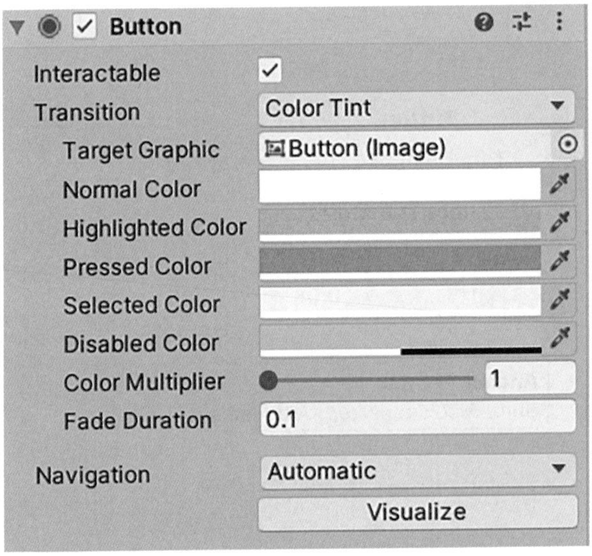

图6-25

在场景资源文件夹中右键选择"UI"中的"Event System"点击，发现跳转到"Player"中的"InputModule"，此时是隐藏状态，找到右侧名字的地方，将名字左侧进行勾选上即可，具体操作如图6-26所示。

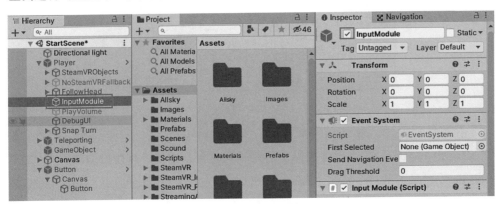

图6-26

点击运行场景，戴上头盔后，将"Button"图片移至合适的位置，方便手柄进行触摸，记下此时"Button"的参数，结束运行后将原来"Button"的参数进行修改。再次运行场景，发现"Button"此时是白色的，使用手柄接触"Button"时变成了橘黄色，按住扳机键时发现"Button"变红了，说明"Button"点击功能完成了。

### 2. 场景跳转

要实现场景跳转，则需要给"Button"赋予点击事件，前面已经实现了"Button"的点击测试，接下来需要添加"On Click（点击）"的事件。点击"Button"，找到"On Click()"代码，将场景中的"Canvas"赋予其中，具体操作如图6-27所示。

场景跳转

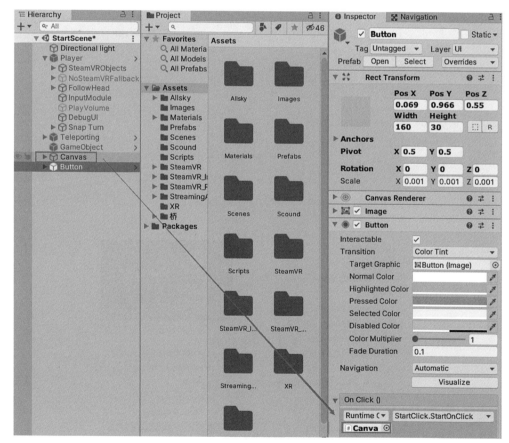

图6-27

赋予后发现右侧可以选择"Canvas"中的代码，此时还没有场景跳转的代码，需要自己创建，在资源文件夹中右键创建新文件夹用来存放后面创建的代码，命名为"Scripts"。进入文件夹中，右键创建代码，命名为"StartClick"，将创建的代码赋予给"Canvas"，双击打开。

因为是通过点击按钮进行跳转到另一个场景，所以代码需要引入UI、场景的命名空间。接下来创建点击事件代码"StartOnClick()"，即点击"Button"后实现的操作，实现场景跳转的代码为：SceneManager.LoadScene("MainScene");具体代码如下所示。

```
using System.Collections;
using System.Collections.Generic;
using UnityEngine;
using UnityEngine.UI;
using UnityEngine.SceneManagement;
public class StartClick : MonoBehaviour
{
public GameObject sPlayer;
    public void StartOnClick()
    {
SceneManager.LoadScene("MainScene");
    }
}
```

返回"Unity"界面，在"On Click()"中添加跳转事件代码，如图6-28所示。

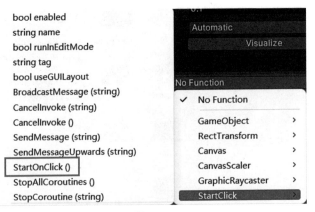

图6-28

点击"运行"，点击按钮后发现场景已经跳转，但是场景中出现了两个Player，这是由于在开始场景中的Player在进行跳转后仍然存在，而主场景中也存在一个

Player，这就导致了两个Player的出现。

解决的方法也很简单，在进行界面跳转的同时销毁开始场景中的Player即可。返回"StartOnClick()"代码编辑界面，要想销毁Player，要先获取到它，定义一个公共物体，命名为"sPlayer"，即"public GameObject sPlayer"；此时已经获取Player，需要在"StartOnClick"事件添加销毁Player事件，实现的代码为：Destroy(sPlayer)。具体代码如下：

```
public void StartOnClick()
    {
SceneManager.LoadScene("MainScene");
Destroy(sPlayer);
    }
```

前面定义的是公共变量，所以还需要前往"Unity"赋于物体。点击"Canvas"，找到"StartClick()"代码，将场景中的Player赋予即可，如图6-29所示。再次运行可发现跳转场景后两个Player问题已解决。

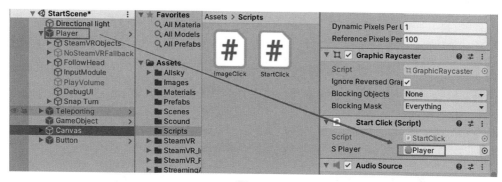

图6-29

### 3．移动

抛物线的生成需要将"SteamVR\InteractionSystem\Teleport\Teleporting"插件拖入到场景中，再次运行，推动方向摇杆或者按住圆盘便可射出抛物线。

此时射出的抛物线还无法与地面进行交互。"SteamVR"提供了两种交互方式，分别是传送点和传送区域，在本案例将使用到的是传送区域。在"Scene"界面下鼠标点击地面进行选择，在右侧"Inspector"下搜索"Teleport Area"函数并添加，再次点击运行便可发现抛物线可以与地面产生交互，人物跟随移动，但是地面的原有材质被替换掉了，变成了类似透明的材质，如图6-30所示。

移　动

图6-30

　　造成的原因是添加的"Teleport Area"函数与"Teleporting"插件中的"Teleport"函数将地面材质进行替换，先CTRL+Z撤回添加"Teleport Area"函数，此时地面变回原来的材质，点击材质找到地面材质所在的位置，找到并点击场景文件夹中的"Teleporting"插件，导致更换材质的原因是"Teleport"函数中3个以"Area"开头的参数，将之前地面的材质分别更换里面的材质，再次添加"Teleport Area"函数，便发现材质不会发生变化，具体如图6-31所示。

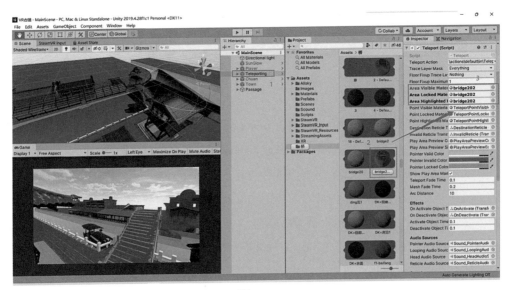

图6-31

此时可以发现上图中"Game"视角下的桥面的材质消失了，解决方法与前面相似，添加"Teleport Area"函数，取消勾选"Teleport Area"函数中的"Marker Active"即可，之前地面添加的"Teleport Area"函数也进行取消，如图6-32所示。

图6-32

#### 4. 背景音效

背景音乐在资源文件夹中新建文件夹重命名为"Sound"，在配套资源里找到音效文件夹，将里面的音效导入"Sound"文件夹中。接下来分别在两个场景的角色"Player"添加"AudioSource"模组，用于音频的播放。

背景音效

在开始场景中，将"Sound"文件夹中的"Start"音频导入"AudioSource"的"AudioClip"中，在主场景的操作也一样，使用到的是Main音频，具体操作如图6-33所示。

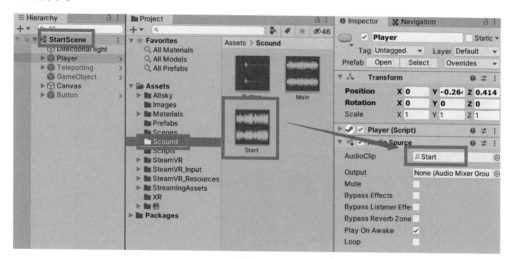

图6-33

按钮点击音效，在开始场景中，选择"Canvas"，在右边添加"AudioSource"模组，将"Button"音效导入其中，在"AudioSource"模组中找到"Play On Awake"并取消勾选，因为需要通过点击按钮才开始播放音效。

打开"StartClick"代码，新建一个空对象来获取播放音效的组件，在判断按钮点击时播放音效，最后返回Unity界面给"buttonAudio"赋予"AudioSource"。具体代码如下所示。

```
public class StartClick : MonoBehaviour
{
public GameObject sPlayer;
public AudioSource buttonAudio;
public void StartOnClick()
    {
SceneManager.LoadScene("MainScene");
Destroy(sPlayer);
buttonAudio.Play();//播放音效
    }
}
```

在主场景中实现按钮点击音效的操作也与前面一致，不过是在"Passage"中添加"AudioSource"组件。

### 6.2.5 案例发布

打开"文件"—"生成设置"，点击"添加已打开场景"，再点击"生成"，如图6-34所示。

案例发布

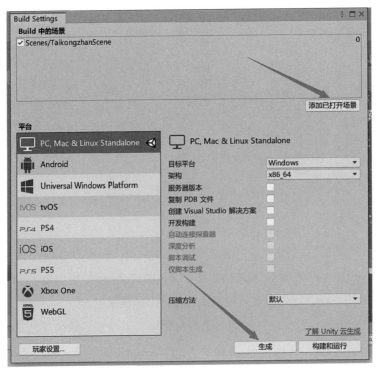

图6-34

案例发布效果图如下图6-35、6-36、6-37所示。

图6-35

图6-36

图6-37

# 第7章　VR游乐园

## 7.1　案例简介

本案例利用Unity虚拟现实技术实现游乐园场景。用户可以通过VR手柄选择游玩项目进行游玩体验。

本案例开发用到的所有素材，均可从本章配套资源下载，如图7-1所示。

第 7 章配套资源

| | | | |
|---|---|---|---|
| ⬇ res.unitypackage | 2019/2/19 21:24 | Unity package file | 986,175 KB |

图7-1　所用素材

## 7.2　案例实现

### 7.2.1　素材导入

本案例的制作需要用到的所有素材，点击资源包"res.unitypackage"导入即可添加到项目中。

### 7.2.2　环境配置

环境配置请查阅第1章，此处不再赘述。

### 7.2.3　游乐设施选择场景搭建

游乐项目选择场景的搭建，创建默认场景，将游戏窗口创建显示比例设置为1920×1080。

场景搭建

点击素材"Galaxy.fbm"文件夹中的"Galaxy"天空球，选择"Materials"，在"Location"一栏选择"Use Embedded Materials"，将材质球拖入"02-Defualt"，如图7-2所示，再将预制体拖入场景位置归零，具体位置参数如图7-3所示。

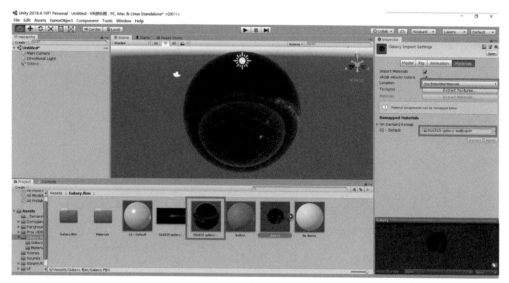

图7-2

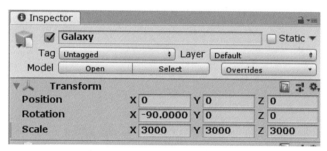

图7-3

删除默认摄像机，将 "SteamVR-prefab" 中的 "CameraRig" 预制体拖入场景中并将位置坐标归零，如图7-4所示。

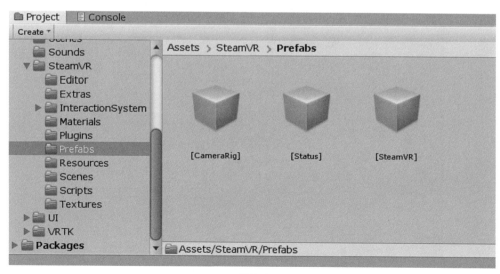

图7-4

选中"CameraRig"中的"eye"组件，修改其摄像机渲染范围为"10000"，并且将"CameraRig"的Z轴坐标修改为"-3500"，如图7-5所示。

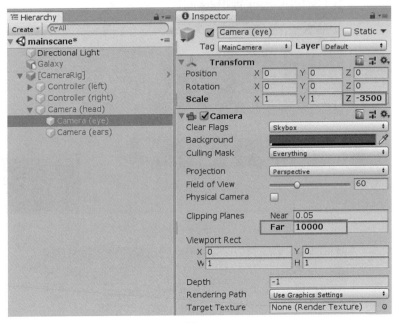

图7-5

创建一个UI画布，将画布渲染模式改为"World Space"，并将位置坐标中的Z轴坐标修改为"-2000"，长宽设置为1920×1080，如图7-6所示。

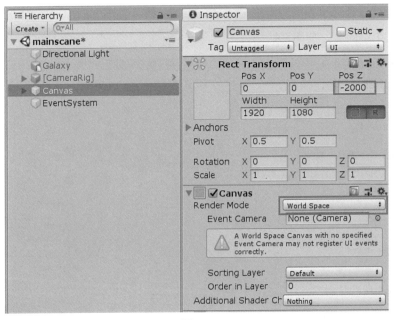

图7-6

在画布下创建文本"Text"，修改文字为"Title"，调整字体位置Y轴为"350"、方框长宽为720*190、字体样式为"Bold"、字体大小为"150"、文字居中对齐、颜色为白色，如图7-7所示。

图7-7

在画布下创建"Image"组件，将导入的UI文件夹中的右按钮素材，拖入到"Image"组件中，点击"Set Native Size"让素材恢复原始大小，在"Scale"属性中三个轴缩放设置为"0.5"，调整其位置PosX、PosY、PosZ分别为"600""-280""0"，左边按键的X轴坐标则相反为"-600"，同理制作另一个切换按钮以及选择按钮的UI，如图7-8所示。

图7-8

右键"-3D Object"—"Quad"创建一个面片作为游乐设施的选项卡，缩放与位置参数设置如图7-9所示。

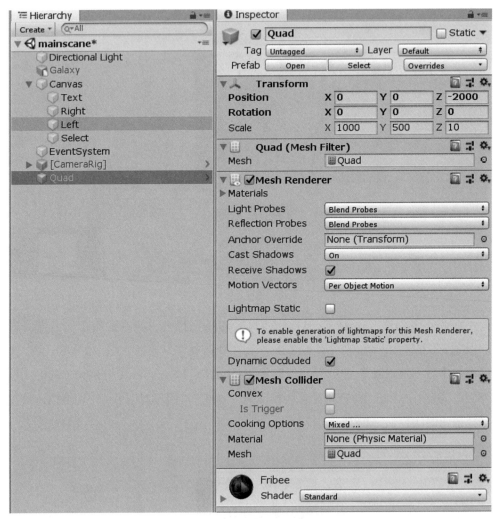

图7-9

"Fairground"—"Material"文件夹中选择一个游乐项目的材质球赋予面片，并在"Asset"目录创建一个文件夹命名为"Prefab"，创建一个空对象并且命名为"GameItem"将面片作为其子集，拖入"Prefab"文件夹制作成预制体，并删除场景中的"GameItem"，如图7-10所示。

图7-10

创建一个空对象命名为"GameItemSpawn"将其位置坐标重置，创建一个脚本命名为"GameItemSpawn"，挂载在同名空对象上，如图7-11所示。

图7-11

双击"GameItemSpawn"脚本开始编写生成项目选择卡片的方法，定义一个数组存储材质球并获取项目数量，获取预制体，利用For循环将预制体进行环状生成，具体代码如下。

```csharp
using DG.Tweening;
//引入命名空间DG.Tweening
public class GameItemSpawn : MonoBehaviour
{
    public static GameItemSpawn Instance;
```

```
//初始化该脚本用于脚本通信
public Material[] m_GameItemMatArr;
//定义一个数组存储材质球并获取游乐项目数量
public GameObject go_GameItem;
//获取预制体
private float m_Angle;
//定义一个浮点数获取旋转角度
private void Awake()
{
    Instance = this;
    m_Angle = 360.0f / m_GameItemMatArr.Length;
    //获取每个项目面片之间的角度
    for (int i = 0; i < m_GameItemMatArr.Length; i++)
    {
        GameObject go = Instantiate(go_GameItem, transform);
        //将预制体生成
        go.transform.localEulerAngles = new Vector3(0, i * m_Angle, 0);
        //让面片绕着空对象GameItem的Y轴旋转
            go.GetComponentInChildren<MeshRenderer>().material = m_
GameItemMatArr[i];
        //利用面片的MeshRender组件将对应的材质球进行赋予
    }
}
```

  将四个游乐项目的材质球拖入脚本创建的数组中，同时也将选项卡的预制体放入，如图7-12所示。

  运行测试将生成四个选项卡，效果如图7-13所示。

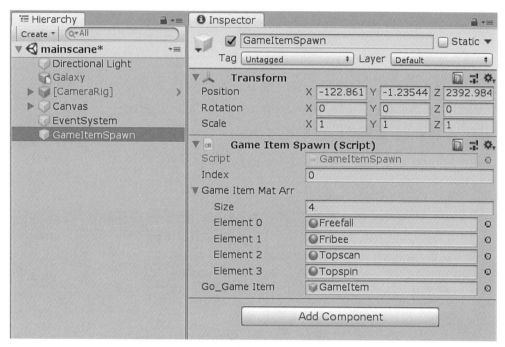

图7-12

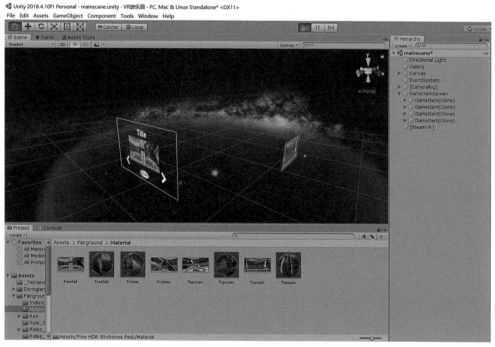

图7-13

### 7.2.4 功能实现

#### 1. 使用VRTK实现交互

将"CameraRig"进行改装,创建一个空物体命名为 "VRTK"重置其位置,在添加脚本搜索框中输入"VRTK_SDK Manger"搜索并挂载该脚本,在空物体"VRTK"下再创建一个 空物体命名为"VRTK_Setup",搜索同名脚本进行挂载,如图 7-14所示。

使用 VRTK
实现交互

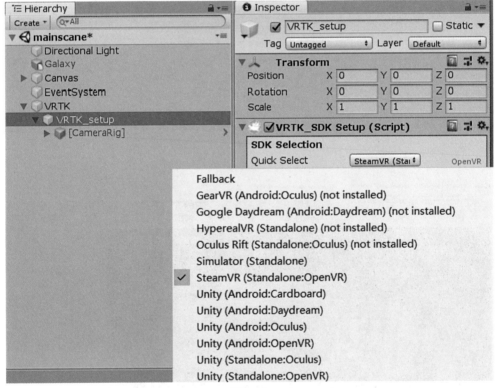

图7-14

点击对象"VRTK",点击"Auto Populate"将子级的组件绑定,如图7-15 所示。

由于"VRTK"特性,需要另外设置控制器的射线,首先创建空对象命名为"VRTK_ Scripts",在其下方创建一个空对象命名为"ControllerRight"作为子级,并添加 名为"VRTK_Point"脚本发射射线,需挂载将射线渲染出现的"VRTK_Straight Pointer Render"脚本,以及获取手柄按键的"VRTK _Controller Events"脚本。如 图7-16所示。

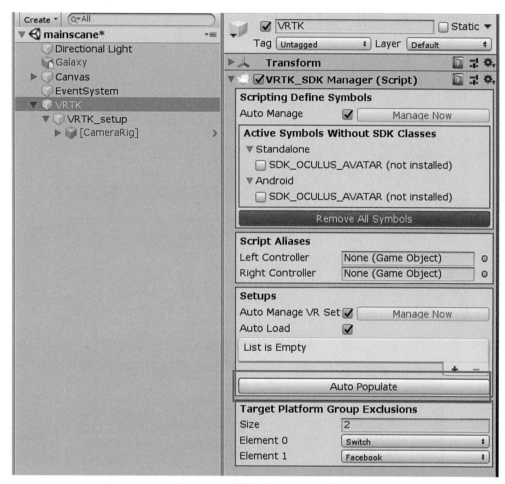

图7-15

图7-16

　　回到对象"VRTK"，将"VRTK_Scripts"的子级"ControllerRight"赋值相应位置如7-17所示，以及"ControllerRight"的"VRTK_Point"脚本需将"VRTK_Straight Pointer Render"脚本赋值至相应位置如图7-18，同理制作成左手柄的射线。

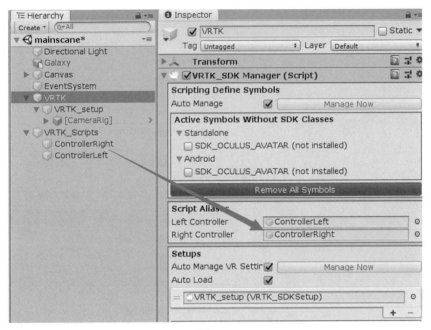

图7-17

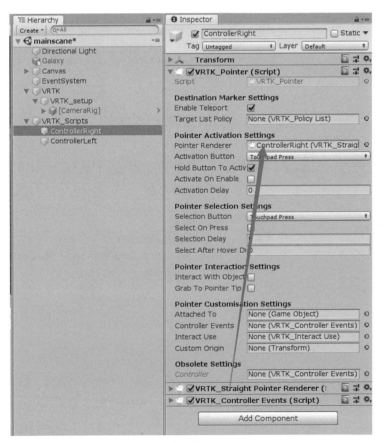

图7-18

需注意 "VRTK_Setup" 的显示必须是关闭状态再进行运行，手柄射线才能够正常使用，通过圆盘键触发（HTC vive），射线效果如图7-19、7-20所示。

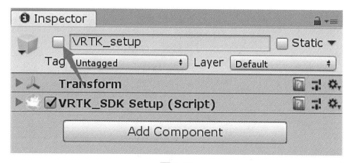

图7-19

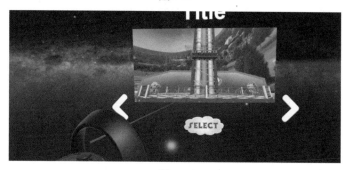

图7-20

为了实现射线与UI的交互，为 "ControllerRight" 添加 "VRTK_UI Pointer" 脚本，将触发方式修改为 "Click on Button Down" 意为在扳机键按下时选中，并且为画布 "Canvas" 添加 "VRTK_UI Canvas" 脚本，如图7-21、7-22所示。

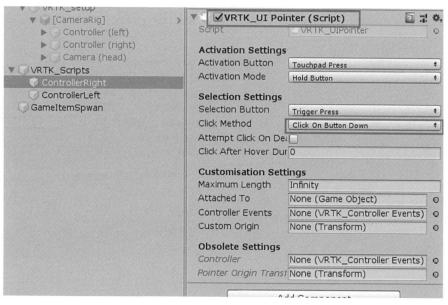

图7-21

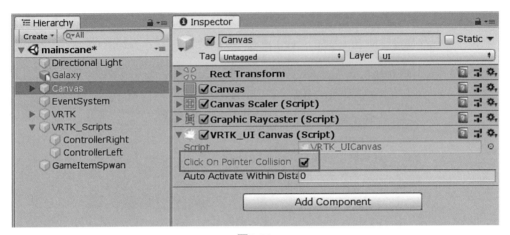

图7-22

为画布中的左右切换键添加"Button"组件，并将被射线击中时的颜色修改为绿色，"Select"键也添加"Button"组件，但是变化类型改为"sprite Swap"模式，并将绿色与黄色的选择按键拖入对应的框，如图7-23、7-24、7-25、7-26所示。

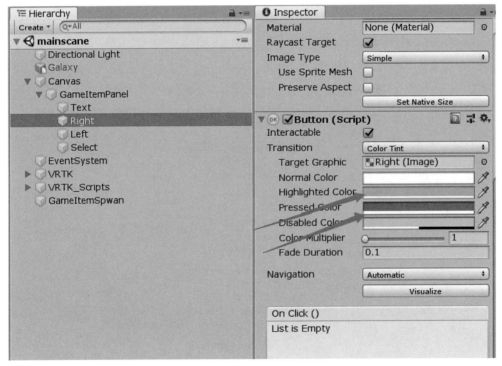

图7-23

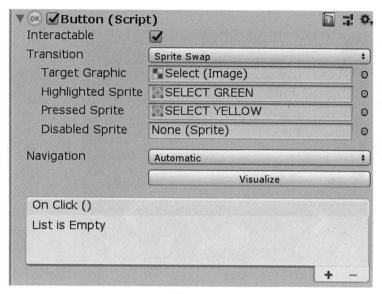

图7-24

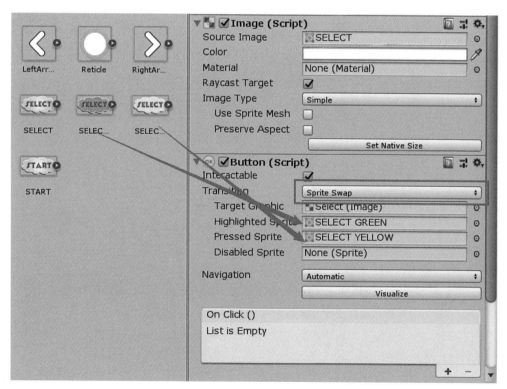

图7-25

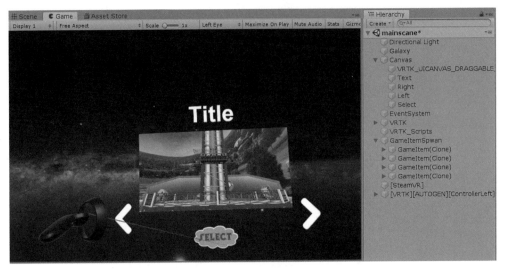

图7-26

## 2. 游乐项目的切换效果

使用的"Dotween"插件用于优化切换动画，打开"GameItemSpawn"脚本，在之前引入了命名空间"DG.Tweening"，再定义一个整型变量"Index"并赋值用于之后控制旋转方向，编写旋转方法，具体代码如下。

游乐项目的
切换效果

```
public int Index = 0;
//让选项卡向前转
public void RotateForward()
{
    Index++;
    if (Index >= m_GameItemMatArr.Length)
    {
        Index = 0;
    }
    transform.DORotate(new Vector3(0, -Index * m_Angle, 0), 0.3f);
    //参数为旋转角度与动画时间
    //使用命名空间中的DORotate函数来实现选项卡旋转切换的效果
}
//让选项卡向后转
public void RotateBack()
{
    Index--;
```

```
if (Index <= 0)
{
    Index = m_GameItemMatArr.Length - 1;
}
transform.DORotate(new Vector3(0, -Index * m_Angle, 0), 0.3f);
}
```

### 3. 实现三个按钮的点击事件

"Canvas"组件下创建一个空对象命名为"GameItemPanel"，按住Alt键选择自适应大小，将三个按键与文本作为其子级，并新建同名"GameItemPanel"脚本挂载，如图7-27所示，开始编写注册按钮的事件，引入UI命名空间，定义按键的名称要与三个按键命名一致，代码中使用监听方法获取"GameItemSpawn"中的方法，具体代码如下。

实现三个按钮的
点击事件

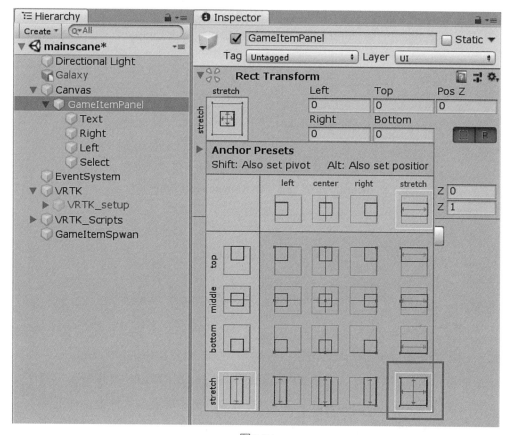

图7-27

```
using UnityEngine.UI;
//引入UI命名空间
public class GameItemPanel : MonoBehaviour
{
    // Start is called before the first frame update
    private Button right;
    private Button left;
private Button select;
private Text Title;
    private void Awake()
    {
        Init();
    }
    private void Init()
    {
    Title = transform.Find("Text").GetComponent<Text>();
    right = transform.Find("Right").GetComponent<Button>();
    right.onClick.AddListener
(() =>
    {
        GameItemSpawn.Instance.RotateForward();
    });
    //使用监听方法获取调用GameItemSpawn脚本中的方法
    left = transform.Find("Left").GetComponent<Button>();
    left.onClick.AddListener(() =>
    {
        GameItemSpawn.Instance.RotateBack();
    });
    select = transform.Find("Select").GetComponent<Button>();
}
```

　　UI中的文本显示游乐项目名字，找到导入的课程资源中的"Resources"文件夹中的游乐项目名字文本，确保与"GameItemSpawn"赋值的材质球名字顺序一致，继续编写"GameItemPanel"脚本，通过文件夹中的文本来修改UI中的文本，定义一个文本"Title"用于获取项目对应的游乐项目名称，定义一个字符串变量，在"ReadFameItemNameText()"方法中用于接收文档中的用回车符分隔开的项目名字，

在 "Init" 方法中将 "Title" 获取到的字符串赋予 "GameItemPanel" 下的同名的子级文本组件，通过手柄扳机键触发项目切换，将以下代码写入 "GameItemPanel" 脚本。

```
private string[] m_GameItemNameArr;//字符串接收
    private void Update()
    {
        Title.text = m_GameItemNameArr[GameItemSpawn.Instance.Index];
        //获取到对应的游乐项目图片
    }
    private void ReadFameItemNameText()
    {
        TextAsset textAsset = Resources.Load<TextAsset>("游乐项目名");   //
读取到的文件夹中的文本
        m_GameItemNameArr = textAsset.text.Split('\n');
//文本中利用回车符号切分项目名字
    }
```

### 4. 场景加载界面与场景加载

将课程资源UI文件夹中的预制体 "LoadingPanel" 拖入 "MainScene" 的画布 "Canvas" 下作为其子级，如图7-28 所示。

场景加载界面与
场景加载

图7-28

回到 "GameItemPanel" 添加选择按键的注册事件代码，调用预制体中 "LoadingPanel" 脚本中异步加载的方法，如图7-29所示。

```
    select = transform.Find("Select").GetComponent<Button>();
    select.onClick.AddListener(() =>
    {
        LoadingPanel.Instance.LoadScence();
    });
}
```

图7-29

Ctrl+Shift+B键唤出"BuildingSetting"页面，将"Individual scene"文件夹中的四个游乐项目场景与选择界面场景拖入其中，并按"GameItemSpawn"脚本的材质球顺序排序，如图7-30所示。

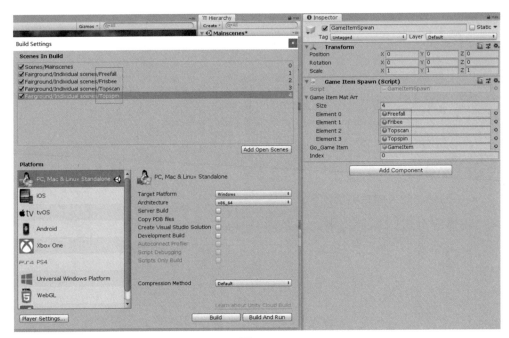

图7-30

## 5．场景返回

以"Frisbee"场景为例，返回到场景"Frisbee"中找到游乐项目同名父级对象挂载的脚本"Ride Frisbee"，引入"UnityEngine.SceneManagement"命名空间，并在其"Update"方法中添加if语句来规定场景跳转条件，根据不同游乐项目停止时的数值作为场景跳转条件，跳转场景的名称为选择界面场景名称"MainScene"。

场景返回

若跳转回选择场景时出现卡顿，回到"MainScene"场景，选择"CameraRig"中的"head"组件，调整其裁切平面的大小，如图7-31所示，运行测试发布即可。

| | | | |
|---|---|---|---|
| VRpack.unitypackage | 2022/8/18 13:09 | Unity package file | 730,252 KB |
| SteamVR1.2.2.unitypackage | 2022/5/23 17:32 | Unity package file | 31,954 KB |
| DOTween+Pro+v0.9.290.unitypackage | 2022/8/14 23:59 | Unity package file | 309 KB |
| Loading.unitypackage | 2022/11/4 13:48 | Unity package file | 1 KB |
| Resoure.unitypackage | 2022/11/6 20:19 | Unity package file | 1 KB |

图7-31

### 2.2.5　案例发布

打开"文件"—"生成设置"，点击"添加已打开场景"，
再点击"生成"，如图7-32所示。

场景返回

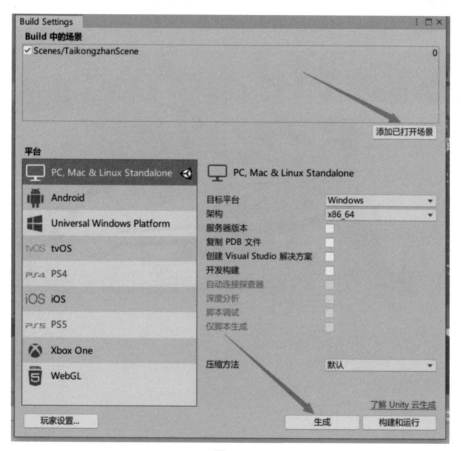

图7-32

案例发布效果图如图7-33、7-34所示。

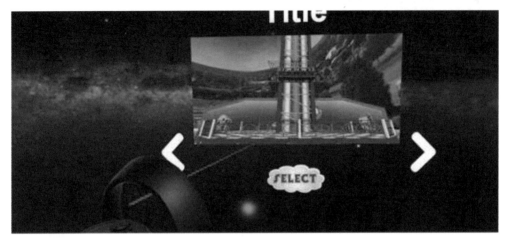

图7-33

图7-34

# 第8章　VR飞机飞行

## 8.1　案例简介

本案例是利用Unity设计完成一款关于飞机飞行科普的VR小游戏。通过学习制作本案例，开发者不仅可以学习到各种生活中难以触及到的飞行小知识，而且可以认识我国航空航天的发展过程和历史地位，培养对民族和文化强烈的归属感，胸怀航空航天强国的远大理想。

第 8 章配套资源

用户可以通过手柄射线点击到飞机操作键时出现UI介绍各个按钮的功能和作用，还可以通过手柄转盘控制战机移动等功能。通过VR头盔可以让我们在娱乐中潜移默化地学习到VR飞行此类在我们生活中难以体验到的知识。

本案例开发用到的所有素材，均可从本章配套资源下载，如图8-1所示。

| 名称 | 修改日期 | 类型 | 大小 |
| --- | --- | --- | --- |
| DarkStorm.unitypackage | 2023/3/27 1:33 | Unity package file | 86 KB |
| Example_01.unitypackage | 2023/3/27 1:14 | Unity package file | 312,231 KB |
| fight.unitypackage | 2023/3/27 1:27 | Unity package file | 160,939 KB |
| flyinglevel2.unitypackage | 2023/3/27 1:29 | Unity package file | 255,383 KB |

图8-1

## 8.2　案例实现

### 8.2.1　素材导入

#### 1．模型素材

本案例的制作需要用到飞机模型，点击资源包"fight.unitypackage"导入即可添加到项目中。

#### 2．UI素材

本案例的制作需要用到UI素材，点击资源包"flyinglevel2.unitypackage"导入即可添加到项目中。

### 3．音频素材

本案例制作需要用到音频素材，点击资源包"Example_01.unitypackage"导入即可添加到项目中。

### 8.2.2　环境配置

环境配置请查阅第1章，此处不再赘述。

### 8.2.3　场景搭建

#### 1．首页场景搭建

新建场景，将教材提供的天空盒子（"UnearthlyRed"）拖入场景中，如图8-2，8-3所示。

场景搭建

图8-2

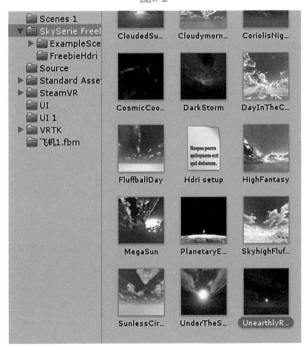

图8-3

### 2. 飞行舱场景搭建

新建场景，将教材提供的天空盒子（"SkyhighFluffycloud Field"）拖入场景中，如图8-4所示。

图8-4

将飞行舱模型拖入场景中，飞行舱模型位置如图8-5所示。

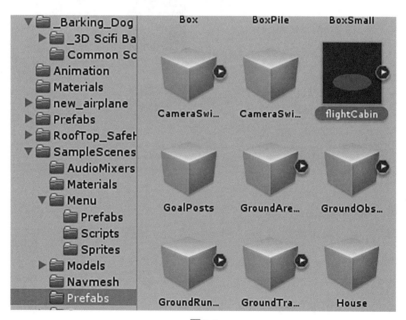

图8-5

为了方便后期操作，把飞行舱位置设置为（0，0，0），操作为鼠标右键单击飞行舱的"transform"—"reset position"，如图8-6所示，同时将飞机模型拖入场景中。

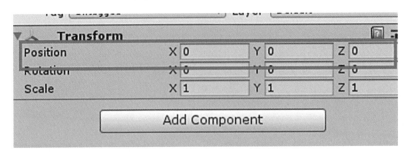

图8-6

### 3. 飞行场景搭建

新建场景，将教材提供的天空盒子（"DayInTheClouds"）拖入场景中，如图8-7所示。

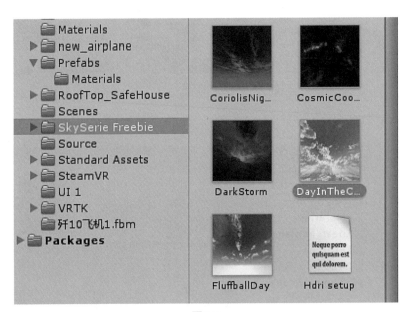

图8-7

### 4. 进入游戏UI制作

首页场景中，单击右键选择"UI"—"Canvas"，新建"Canvas"画布，在"Canvas"画布下创建"Image"，将"Image"命名为"bg"，在"bg"的"SourceImage"中添加图片（页面.png），如图8-8所示。

UI 制作

在"Canvas"画布下创建"Button"，将"Button"命名为"btn_start"，在"btn_start"的"SourceImage"中添加图片"2.png"，如图8-9所示。

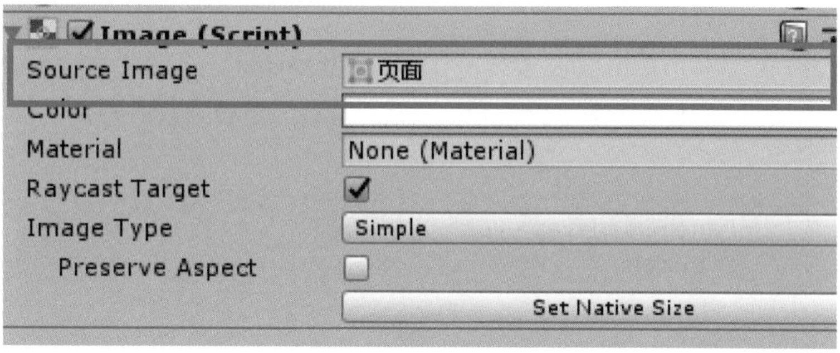

图8-8

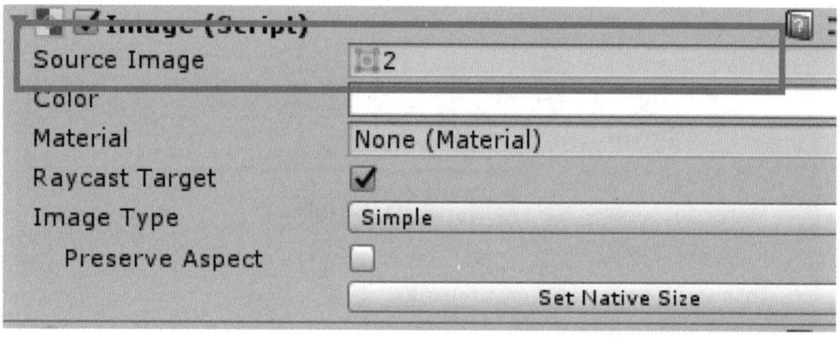

图8-9

### 5. 飞行按钮科普UI制作

在飞行舱场景中，单击右键选择"UI"—"Canvas"，新建3个"Canvas"画布，将"Canvas"画布分别命名为"PanelSliderMenu(1)""PanelSliderMenu(2)""PanelSliderMenu(3)"，如图8-10所示。

▶ PanelSliderMenu (1)
▶ PanelSliderMenu (2)
▶ PanelSliderMenu (3)

图8-10

在"Canvas"画布下创建"Button"，在"Button"的"SourceImage"分别添加图片"配平四方.png""空中加油管释放开关.png""武器.png"，如图8-11所示。

图8-11

**6. 跳转关卡UI制作**

在飞行舱场景中，单击右键选择"UI"—"Canvas"，新建"Canvas"画布，将"Canvas"画布分别命名为"PanelSliderMenu(4)"，如图8-12所示。

图8-12

在"Canvas"画布下创建"Button"，在"Button"的"SourceImage"中添加图片"第二张.png"，如图8-13所示。

图8-13

### 8.2.4 功能实现

**1. 发射射线**

创建空物体（GameObject），将其重命名为"VRTK"，添加组件"VRTK_SDK Manager"，如图8-14所示。

发射射线

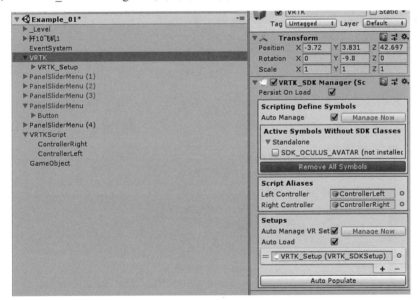

图8-14

在"VRTK"下面创建空物体，重命名为"VRTK_Setup"，添加组件"VRTK_SDK Setup"，将"Quick Select"更改为"SteamVR"，并将"[CameraRig]"拖到"VRTK_Setup"下面，作为"VRTK_Setup"的子物体，如图8-15所示。

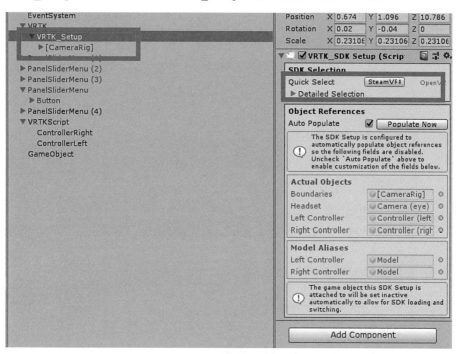

如图8-15

选择"VRTK"，点击"Auto Populate"，"Auto Laod"处会出现"VRTK_Setup"，如图8-16所示。

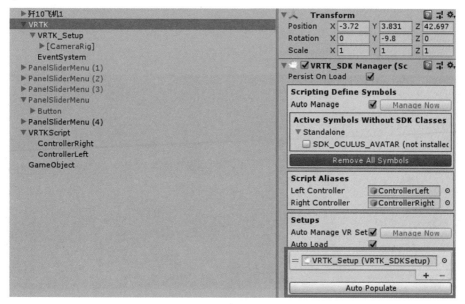

如图8-16

新建空物体（GameObject），将其重命名为"VRTKScript"，在"VRTKScript"下面新建空物体（GameObject），将其重命名为"ControllerRight"，在"ControllerRight"上添加组件"VRTK_Pointer""VRTK_Straight Pointer Renderer""VRTK_Controller Event"和"VRTK_UI Pointer"，将"VRTK_Straight Pointer Renderer"拖入"VRTK_Pointer"的"Pointer Renderer"里，如图8-17所示。

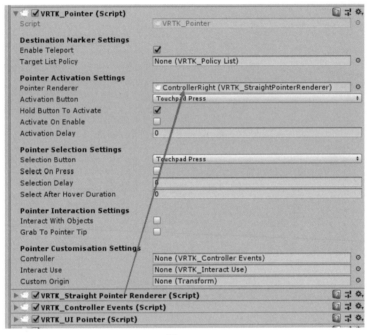

图8-17

将"ControllerRight"复制一份重命名为"ControllerLeft"，分别将"ControllerLeft"和"ControllerRight"拖入"VRTK"的"Left Controller"和"Right Controller"里，如图8-18所示，射线设置完成。

图8-18

### 2. 跳转场景

首页场景中，将"Canvas"的位置更改为(0,0,0)，"Render Mode"设置为"World Space"，如图8-19所示。

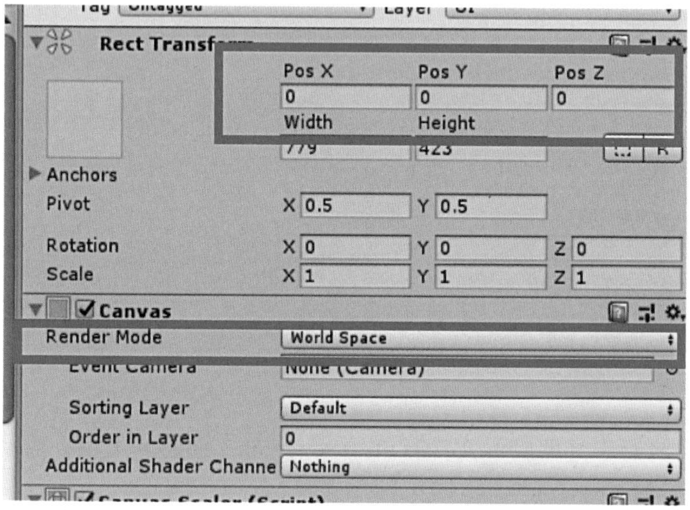

跳转场景

图8-19

给"btn_start"添加组件"Button"，再给"Canvas"画布添加"VRTK_UICanvas"脚本。

创建脚本"StartSence.cs"，具体代码如下，通过"File"—"Build Settings"将场景二添加至"Scenes In Build"，如图8-20所示。

```
using System.Collections;
using System.Collections.Generic;
using System.Collections;
using System.Collections.Generic;
using UnityEngine;
using UnityEngine.UI;
using UnityEngine.SceneManagement;
public class StartSence : MonoBehaviour
{
    void Start()
    {
        this.GetComponent<Button>().onClick.AddListener(OnClick);
    }
```

```
public void OnClick()
{
    SceneManager.LoadScene(1);//level1为我们要切换到的场景
}
}
```

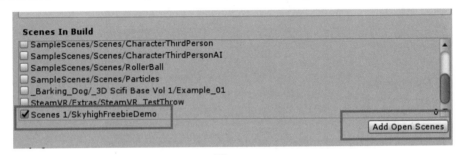

图8-20

创建一个空物体将制作好的脚本文件"StartSence.cs"绑定到上面,给"btn_start"添加点击事件,如图8-21所示。

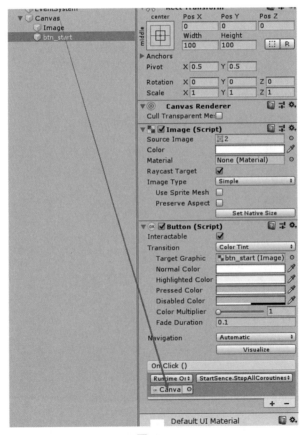

图8-21

### 3. 射线点击指定按钮弹出相应UI

创建新场景，按上文方法设置好手柄。创建脚本
"UiInteractive.cs"，具体代码如下。

射线点击指定按
钮弹出相应 UI

```
namespace VRTK.Examples
{
    using UnityEngine;
    public class UiInteractive : MonoBehaviour
    {
        //创建公开变量选择弹出的ui介绍图片
        public GameObject lightCanvas;
        public GameObject lightCanvas2;
        public GameObject lightCanvas1;
        public GameObject lightCanvas3;
        private void Start()
        {
            if (GetComponent<VRTK_DestinationMarker>() == null)
            {
                VRTK_Logger.Error(VRTK_Logger.GetCommonMessage(VRTK_
Logger.CommonMessageKeys.REQUIRED_COMPONENT_MISSING_FROM_
GAMEOBJECT,
                "VRTK_ControllerPointerEvents_ListenerExample", "VRTK_
DestinationMarker", "the Controller Alias"));
                return;
            }
            GetComponent<VRTK_DestinationMarker>().
DestinationMarkerEnter += new DestinationMarkerEventHandler(DoPointerIn);
            GetComponent<VRTK_DestinationMarker>().DestinationMarkerHover
+= new DestinationMarkerEventHandler(DoPointerHover);
            GetComponent<VRTK_DestinationMarker>().DestinationMarkerExit
+= new DestinationMarkerEventHandler(DoPointerOut);
            GetComponent<VRTK_DestinationMarker>().DestinationMarkerSet
+= new DestinationMarkerEventHandler(DoPointerDestinationSet);
        }
        private void DebugLogger(uint index, string action, Transform
target, RaycastHit raycastHit, float distance, Vector3 tipPos        ition)
```

```
        {
            string targetName = (target ? target.name : "<NO VALID
TARGET>");
            string colliderName = (raycastHit.collider ? raycastHit.collider.name
: "<NO VALID COLLIDER>");
            VRTK_Logger.Info("Controller on index '" + index + "' is " + action
+ " at a distance of " + distance + " on object named [" + targetName + "] " +
    "on the collider named [" + colliderName + "] - the pointer tip position is/
was: " + tipPosition);
        }
        private void DoPointerIn(object sender, DestinationMarkerEventArgse)
        {
        }
        private void DoPointerOut(object sender,
DestinationMarkerEventArgse)
        {
        }
        private void DoPointerHover(object sender,
DestinationMarkerEventArgse)
        {}
        private void DoPointerDestinationSet(object sender,
DestinationMarkerEventArgs e)
        {
            if (e.target.name == "Handlemax")
            {
                lightCanvas.SetActive(!lightCanvas.activeInHierarchy);
            }
            if (e.target.name == "Handle1")
            {
                lightCanvas1.SetActive(!lightCanvas1.activeInHierarchy);
            }
            if (e.target.name == "Handle2")
            {
                lightCanvas2.SetActive(!lightCanvas2.activeInHierarchy);
            }
```

```
            if (e.target.name == "Handle3")
            {
                lightCanvas3.SetActive(!lightCanvas3.activeInHierarchy);
            }
        }
    }
```

给各个需要点击的按钮添加"Box Colider"组件，如图8-22所示。

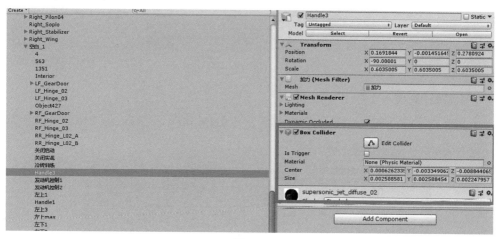

图8-22

将画布"PanelSliderMenu(1)""PanelSliderMenu(2)""PanelSliderMenu(3)"的渲染模式改为"World Space"，给画布添加组件"VRTK_UI Canvas"，如图8-23所示。

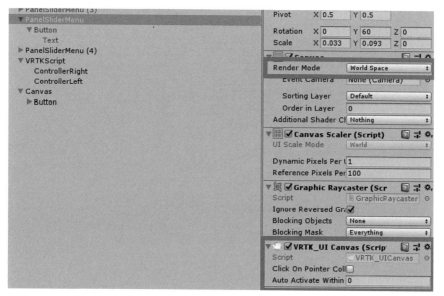

图8-23

将制作好的脚本文件"UiInteractive.cs"绑定到"ControllerRight(右射线)"上，将制作好的"PanelSliderMenu"等拖曳至脚本公开变量"Canvas"处，如图8-24所示完成脚本绑定及对象拖曳。

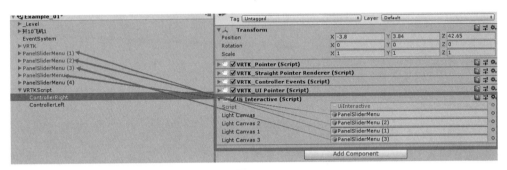

图8-24

### 4. 跳转场景

首页场景中，将"Canvas"的位置更改为(0,0,0)，"Render Mode"设置为"World Space"，如图8-25所示。

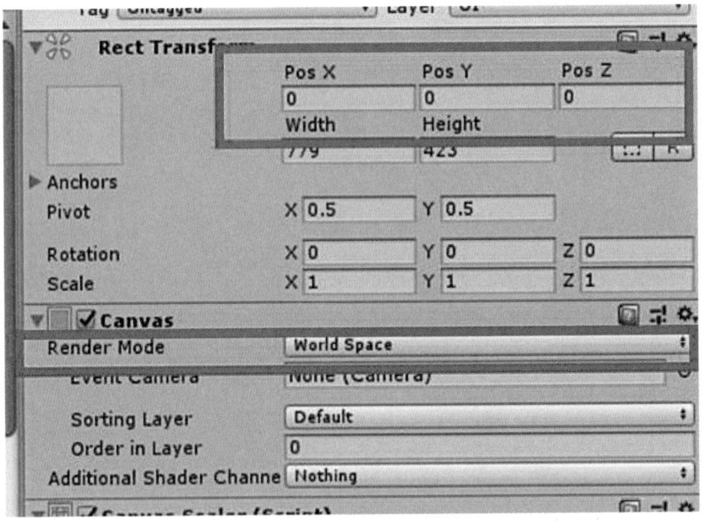

图8-25

给"btn_start"添加组件"Button"。在飞行舱场景中，新建空物体，在空物体下创建脚本"Turnto.cs"。脚本内容如下。

```
using System.Collections;
using System.Collections.Generic;
using System.Collections;
using System.Collections.Generic;
using UnityEngine;
```

```
using UnityEngine.UI;
using UnityEngine.SceneManagement;
public class Turnto : MonoBehaviour
{
    void Start()
    {
        this.GetComponent<Button>().onClick.AddListener(OnClick);
    }
    public void first()
    {
        SceneManager.LoadScene(0);//level为我们要切换到的首页场景
    }
    public void second()
    {
        SceneManager.LoadScene(2);//level1为我们要切换到的飞行场景
    }
}
```

通过"File"—"Build Settings"将首页场景和飞行场景添加至"Scenes In Build"，
如图8-26所示。

图8-26

创建一个空物体将制作好的脚本文件"StartSence.cs"绑定到上面,给"btn_start"添加点击事件,如图8-27所示。

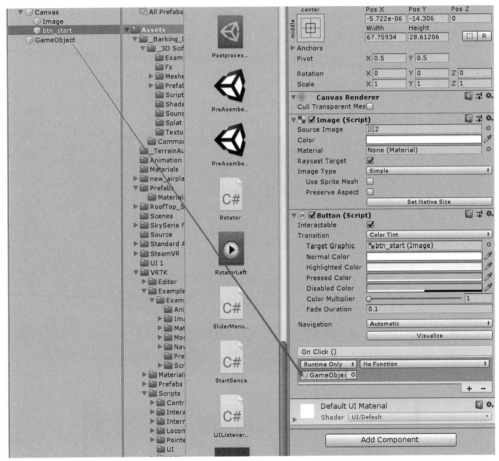

图8-27

### 5. 飞机飞行

在飞行场景中,按上文方法设置好手柄。创建一个空对象,命名为"moveDic"。

创建脚本"ChildTransform.cs",将脚本"ChildTransform.cs"绑定在"moveDic"上,具体代码如下。

飞机飞行

```
using UnityEngine;
using System.Collections;
public class ChildTransform : MonoBehaviour
{
    public Transform same;
```

```
        void FixedUpdate()
        {
        transform.localEulerAngles = new Vector3(0, same.localEulerAngles.y,
0);
            transform.localPosition = new Vector3(same.localPosition.x, 0, same.
localPosition.z);
        }
```

将"Camera(head)"赋值给"ChildTransform"的"Same"变量，如图8-28所示。

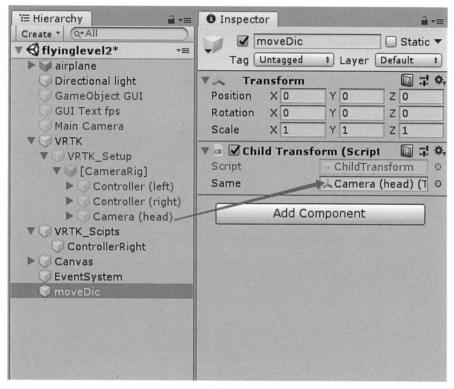

图8-28

首先需创建脚本"Flight.cs"，具体代码如下。将脚本"Flight.cs"挂载到"ControllerRight（右手柄）"上。

```
        using System.Collections;
        using System.Collections.Generic;
        using UnityEngine;
        public class filght : MonoBehaviour
        {
```

```
SteamVR_TrackedObject tracked;
public Transform player;
public Transform dic;
public float speed;
void Awake()
{
    //获取手柄控制
    tracked = GetComponent<SteamVR_TrackedObject>();
}
void Start()
{
}
void FixedUpdate()
{
    var deviceright = SteamVR_Controller.Input((int)tracked.index);
    //按下圆盘键
    if (deviceright.GetPress(SteamVR_Controller.ButtonMask.Touchpad))
    {
        Vector2 cc = deviceright.GetAxis();
        float angle = VectorAngle(new Vector2(1, 0), cc);
        //下
        if (angle > 45 && angle < 135)
        {
            player.Translate(-dic.forward * Time.deltaTime * speed);
        }
            else if (angle < -45 && angle > -135)
        {
                player.Translate(dic.forward * Time.deltaTime * speed);
        }
        //左
            else if ((angle < 180 && angle > 135) || (angle < -135 && angle >
-180))
        {
            player.Translate(-dic.right * Time.deltaTime * speed);
        }
```

```
            else if ((angle > 0 && angle < 45) || (angle > -45 &&          angle < 0))
              {
                 player.Translate(dic.right * Time.deltaTime * speed);
              }
           }
        }
        float VectorAngle(Vector2 from, Vector2 to)
        {
           float angle;
           Vector3 cross = Vector3.Cross(from, to);
           angle = Vector2.Angle(from, to);
           return cross.z > 0 ? -angle : angle;
        }
    }
```

将"[Camera Rig]"赋值给"Player",将"moveDic"赋值给"Dic","Speed"主要是控制移动的速度,如图8-29所示。

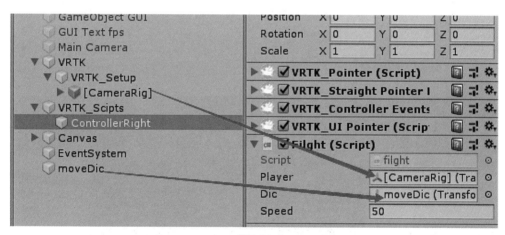

图8-29

### 8.2.5　案例发布

打开"文件—"生成设置",点击"添加已打开场景",再点击"生成",如图8-30所示。

案例发布

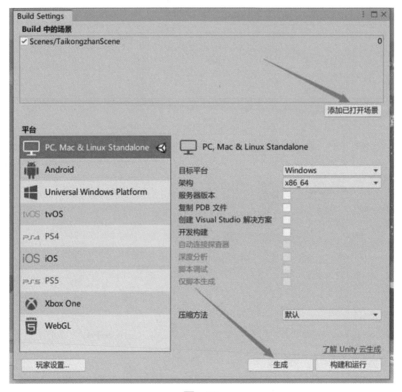

图8-30

发布效果图如图8-31、8-32所示。

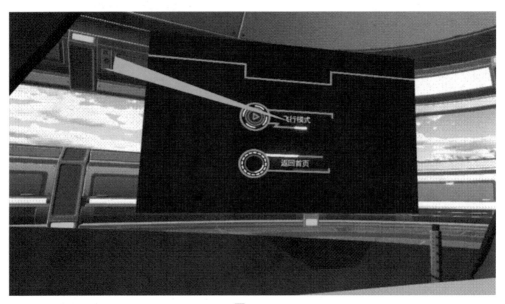

图8-31

图8-32

# 第9章 VR太空

## 9.1 案例简介

本案例利用Unity虚拟现实技术实现VR太空漫游项目。通过学习制作本案例，开发者在虚拟的空间中不仅可以体验乘坐火箭抵达太空舱，了解八大行星，漫游太阳系，看银河奇观；还可以在沉浸式的太空体验中，观宇宙奥秘的同时感受我国的航天航空事业在不断地壮大。

第9章配套资源

用户可以通过VR手柄，实现在太空站里漫游、UI交互、发射射线位置瞬移、场景跳转等功能。

本案例开发用到的所有素材，均可从本章配套资源下载，如图9-1所示。

| 名称 | 修改日期 | 类型 | 大小 |
| --- | --- | --- | --- |
| Moon.unitypackage | 2022/11/7 17:17 | Unity package file | 253,789 KB |
| Particle.unitypackage | 2022/11/7 17:28 | Unity package file | 2,699 KB |
| satellite.unitypackage | 2022/11/7 18:30 | Unity package file | 6,822 KB |
| Sci-Fi Laboratory Pack .unitypackage | 2019/4/2 19:57 | Unity package file | 598,945 KB |
| Sci-Fi UI.unitypackage | 2022/11/7 18:51 | Unity package file | 5,360 KB |
| Video-music.unitypackage | 2022/11/7 18:54 | Unity package file | 72,073 KB |
| 火箭发射塔.unitypackage | 2022/11/7 18:22 | Unity package file | 5,547 KB |
| 行星.unitypackage | 2022/11/7 17:21 | Unity package file | 9,701 KB |

图9-1

## 9.2 案例实现

### 9.2.1 素材导入

**1. 模型素材**

本案例的制作需要用到的模型有科幻实验舱模型资源包"Sci-Fi Laboratory Pack.unitypackage"、火箭及发射塔模型资源包"火箭发射塔.unitypackage"、太阳系八大行星模型资源包"行星.unitypackage"、卫星模型资源包"satellite.unitypackage"、月球玉兔号模型资源包"Moon.unitypackage"。点击资源包导入即可添加到项目中。

### 2．UI素材

本案例制作需要用到UI素材，点击资源包"Sci-Fi UI.unitypackage"导入即可添加到项目中。

### 3．音频素材

本案例制作需要用到背景音乐，点击音频资源包"Video-music.unitypackage"导入即可添加到项目中。

### 4．特效素材

本案例制作需要用到特效素材，点击资源包"Particle.unitypackage"导入即可添加到项目中。

## 9.2.2　环境配置

环境配置请查阅第1章，此处不再赘述。

## 9.2.3　场景搭建

### 1．开始场景搭建

场景搭建

导入天空球、UI资源包，打开一个银河系天空球场景，右键在UI下创建一个"Canvas"，渲染模式Render Mode改为"World Space"，右键添加图片"Image""Source Image"图像选择主题开始背景图，按住Alt键居中，让图片和"Canvas"一样大小；选择图片右键添加"Text"，输入和修改文字的样式。

在"Canvas"下面再创建两个"Image"分别作为开始"star"和退出"exit"按钮，设置锚点分别在右下角和左下角，调整合适的位置，让两个按钮图片位于开始主题开始背景图下方的左右两侧；点击右侧"Inspector"面板中的"Add Component"，搜索"Button"添加"Button"组件，如图9-2所示。

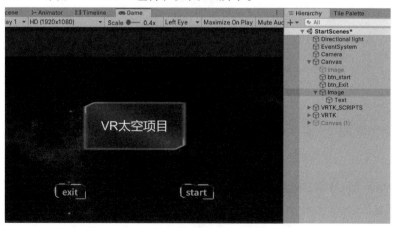

图9-2

### 2. 环形选择场景的搭建

复制一个开始场景，删除"Canvas"中的"UI"，再新建一个空的"GameObject"，改名为"GameSelectPanel"，选中"GameSelectPanel"添加文本、三个"Image"，分别命名为"Title_txt""left_btn""right_btn""select_btn"，将其作为"GameSelectPanel"的子物体并调整到合适的位置，如图9-3所示。

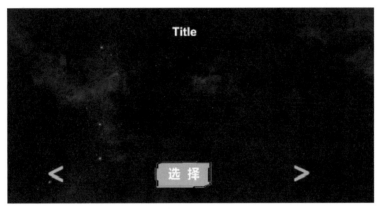

图9-3

选择"left_btn""right_btn""select_btn"，点击右侧"Inspector"面板中的"Add Component"，搜索"Button"添加"Button"组件，给"Button"添加颜色的过渡效果，选择"Color Tint""Highlighted Color"为射线经过时的颜色显示，"Pressed Color"为按下后的效果。如图9-4所示。

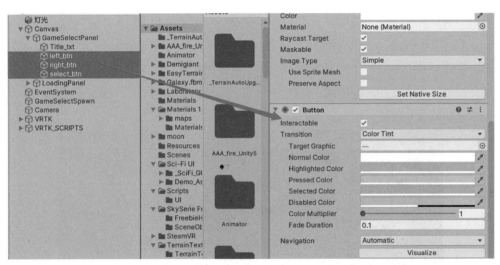

图9-4

### 3. 地球卫星场景的搭建

将地球、卫星、月球的模型添加到场景中，调整模型的位置和大小，创建

"Canvas"并新建"Image"添加返回的文字。复制"VRTK和VRTK_SCRIPTS"到场景中，将"VRTK"挂载到地球上。添加模型后光线不足的可右键选择"Light"添加平行光，如图9-5所示。

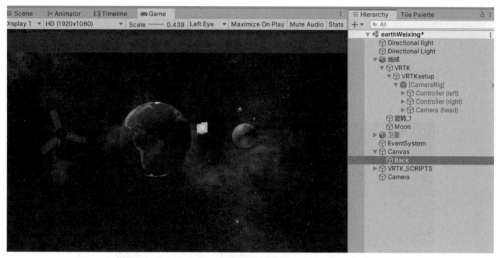

图9-5

### 4. 火箭发射场景搭建

将带有火箭发射动画的发射塔模型添加到场景中，删除自带的多余空物体；新建"Canvas"，添加返回和前往太空舱场景的按钮。新建一个空物体命名为"music"，并添加"Audio Source"音频组件，如图9-6所示。

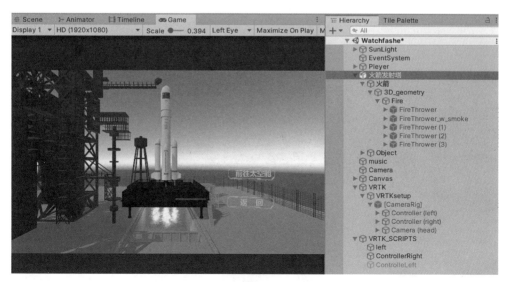

图9-6

**5. 太空舱场景搭建**

新建一个场景"Scene"，选择"Laboratory_Pack"文件下的"Scenes"文件，打开"Test_3"科技舱，截取一个小舱复制到新建的场景中，删除多余的物品。保存场景并命名为"TaikongCang"。删除一些多余的模型。新建八个"Cube"，给"Cube"添加半透明的材质，调整相互间的间距，然后在每个"Cube"的正上方放置八大行星的球体模型，并添加"Canvas"的名称按钮"UI"，如图9-7所示。

可在比较暗的位置添加点光源"Point light"让场景亮起来，调整光源的颜色和强度以及影响范围半径。

图9-7

**6. 月球场景搭建**

打开一个天空球场景，将带有玉兔号运行轨迹动画的月球表面地形添加到场景中，在玉兔号的下面添加"VRTK"摄像机，在结束运行的终点添加返回按钮，如图9-8所示。

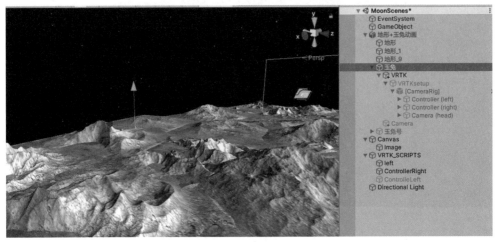

图9-8

#### 7. 太阳系场景搭建

打开一个银河系天空球场景，将"VRTK"和"VRTK_SCRIPTS"文件复制到该场景，将八大行星的模型添加到场景中，按照行星在太空系中的位置来摆放，依次为水星、金星、地球、火星、木星、土星、天王星、海王星，如图9-9所示。

图9-9

选择观看与体验火箭发射场景"Choose"的搭建，复制一个开始场景，更换文字及图片，添加按钮，如图9-10所示。

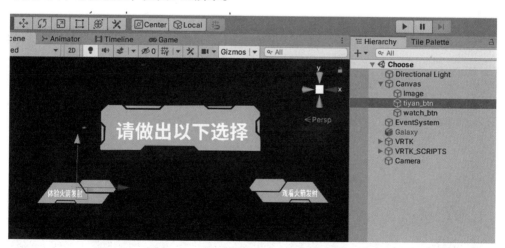

图9-10

#### 8. 行星简介UI

在行星名称按钮下面新建"Text"和"Image"，"Image"选择对应星球的简介卡片，如图9-11所示。默认是不显示的，当点击按钮时卡片显示在星球上方。

UI 制作

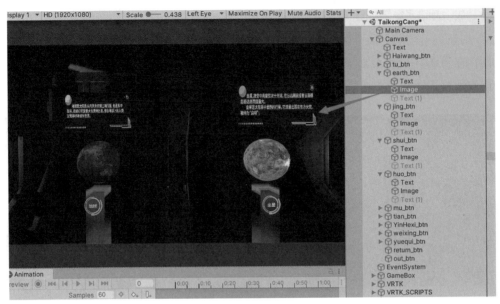

图9-11

### 9. 太空舱返回UI

太空舱场景中，在舱的后门添加返回以及返回主场景的按钮，如图9-12所示。

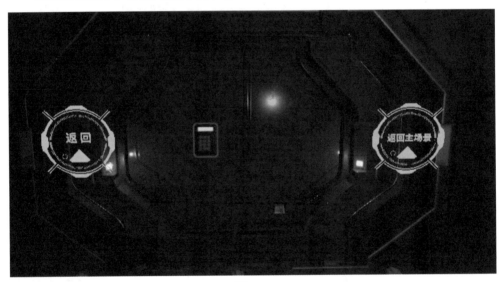

图9-12

### 10. 太空舱场景选择UI

在"Canvas"下添加"Image"，图片选择银河系、地球卫星、月球，并添加"Button"组件，在其下面再新建"Image"，再继续在"Image"下添加"Text"，选择"Image"右键选择"3D Object"创建"Quad"，默认为不显示，命名、位置及层级关系如图9-13所示。

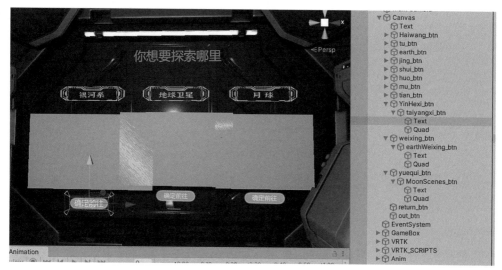

图9-13

## 9.2.4　功能实现

### 1. 行星自转动画

右键新建一个"RotateBySeft"脚本并将脚本挂载到各行星
上，可自定义速度，实现行星自转效果，具体代码如下。

行星自转动画和
公转动画

```
public class RotateBySeft : MonoBehaviour
{
public float rotateSpeed;//旋转速度
                void Update ()
    {
                transform.Rotate(new Vector3(0, 1, 0) * Time.deltaTime *
rota    teSpeed);
            }
        }
```

### 2. 行星公转动画

公转是行星围绕太阳旋转，各行星的公转速度都不一样，可网上查找各行星公
转速度的相关数据。新建一个"RotateTarget"脚本，挂载到行星上，加载完后将
"Hierarchy"面板中的"Sun"添加到"target"中，如图9-14所示。实现各行星围
绕太阳旋转，具体代码如下。

209

```
public class RotateTarget : MonoBehaviour
{
public float rotateSpeed;//定义速度
public Transform target;//公转目标
void Update()
    {
    //以旋转目标位置的Y轴为旋转的轴心，每帧运行
                transform.RotateAround(target.position, new Vector3(0, 1,
0),   rotateSpeed * Time.deltaTime);
        }
    }
```

同样的，在地球卫星场景中可把公转脚本挂载到卫星和月球中，公转目标为地球，设置旋转速度值。

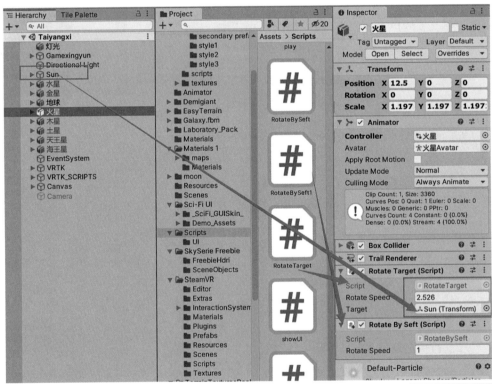

图9-14

### 3. 太阳爆炸特效

新建一个球体"Sphere"作为太阳的本体，命名为"sunSphere"。新建材质球"sunMesh"，颜色改为红色，将材质球赋予"sunSphere"。

太阳爆炸特效

右键选择"Effect"新建一个"Particle System"，"Reset"一下位置；命名为"sunPC"，打开"Inspector"面板下的"Shape"，将形状改成"Sphere"，Start Size 选择"Random Between Two Constants"，修改参数如图9-15所示。

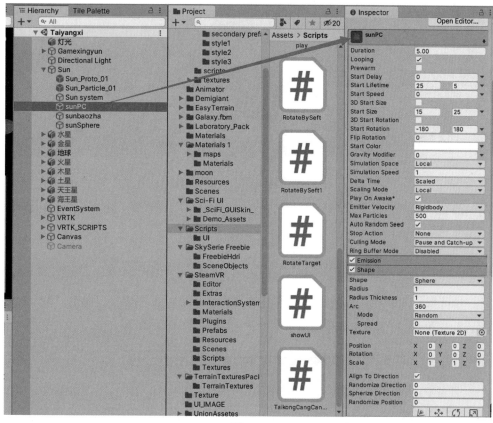

图9-15

右键新建一个材质"Materal"，命名为"Sunpc"，如图9-16所示，下载一个烟雾的纹理图片，导入项目中，材质的Texture选择烟雾纹理。将"Sunpc"材质球放置到"sunpc"的"Renderer"的材质插槽中，如图9-17所示。

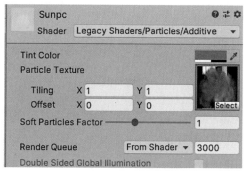

图9-16

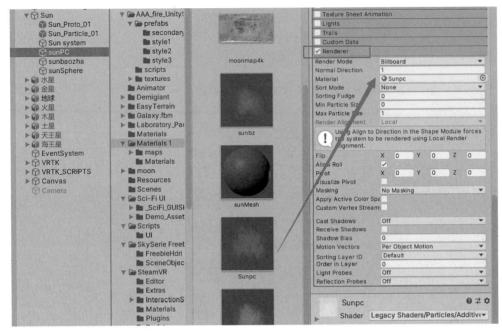

图9-17

修改粒子的颜色，主颜色为红色，透明度从中间向两边降低，设置"Rotation Over Lifetime"粒子在生命周期内的旋转区间，如图9-18所示。

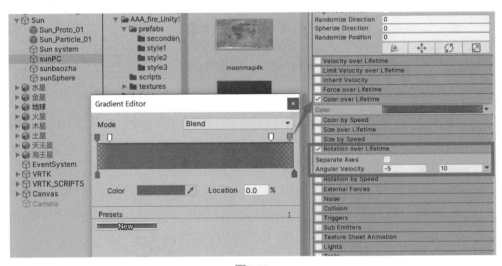

图9-18

新建一个"Particle System"，命名为"sunbaozha"，复制一个"Sunpc"材质球，重命名为"sunbz"，贴图换成另外一张烟雾纹理，Color over Lifetime颜色改成深酒红色，调整参数如图9-19所示。

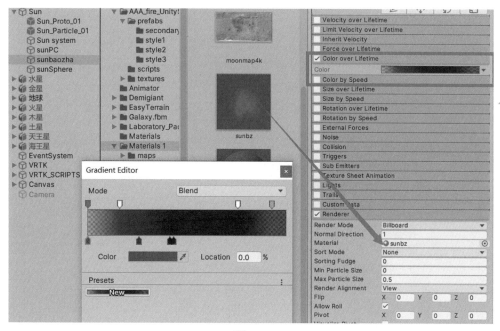

图9-19

再复制一个"sunPC"粒子，重新命名为"Sun"，将旋转时长改成-15到15，Start Lifetime生命值改成20到100，然后将"sunSphere""sunPC""sunbaozha"都作为"Sun"的子对象。从导入的粒子特效文件中添加"Sun_Proto_01""Sun_Particle_01""Sun system"特效到"Sun"下面，调整好位置和大小。

#### 4．实现音频播放

在火箭发射场景中，选择"music"，在"Inspector"面板中添加"Audio Source"组件，并将火箭发射倒计时的音频添加到"Audio Source"的"AudioClip"声音组件上，如图9-20所示。

实现音频播放和视频播放

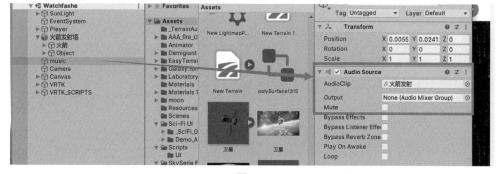

图9-20

新建"AnimController"脚本挂载到火箭发射塔上，实现倒计时结束后执行火箭发射动画，加载完成后将"music"放置到脚本下公开的插槽中。具体代码如下。

```
using System.Collections;
using System.Collections.Generic;
using UnityEngine;
using UnityEngine.SceneManagement;
public class AnimController_watch : MonoBehaviour
{
    private bool m_isplay = false;
    public AudioSource m_music;
private Animation m_Anim;
    private float m_ClipTime;
    private bool m_isend = false;
    private float m_Timer = 0f;
    private void Awake()
    {
      m_Anim = GetComponent<Animation>();
      m_ClipTime=m_Anim.clip.length;
    }
    private void Update()
    {
      m_ClipTime -= Time.deltaTime;
      if(m_ClipTime<=9&& m_isplay == false)
      {
        m_music.Play();
        m_isplay = true;
      }
      if (m_ClipTime<=0&& m_isend == false)
      {
        m_isend = true;
      }
      if (m_ClipTime<=4)
      {
        m_Timer += Time.deltaTime;
        if (m_Timer>=1)
{

        m_Timer = 0;
        }
}
    }
    }
```

### 5．实现视频播放

太空舱场景选择视频播放。给场景选择UI的"Quad"添加"Video Player"组件，并把相应的动画添加到"Video Clip"中，只有"Quad"时才播放视频，如图9-21所示。

实现音频播放

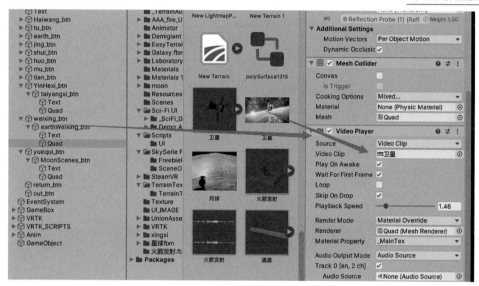

图9-21

### 6．场景的跳转与返回

点击窗口文件菜单栏的"File"，选择打开"Build Settings"，将各场景添加到"Scenes In Build"面板中，如图9-22所示。

场景的跳转、返回
与退出

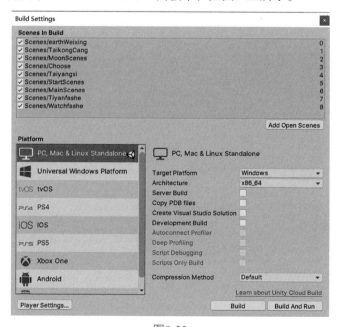

图9-22

**7. 开始场景的跳转与退出**

打开"StartScenes"，新建脚本"Start"和"Exit"，分别挂载到开始场景中的开始和结束按钮，具体代码如下。

```
开始代码：
public class Start : MonoBehaviour
{
    public void LoadScene()
    {
        SceneManager.LoadScene(6);
    }
}
退出代码：
public class EXIT : MonoBehaviour
{
public void Exit()
{
        Application.Quit();
    }
}
```

选择按钮，在"Button"下添加"OnClick()"点击事件，把按钮自身添加到对象中，选择对象身上挂载的脚本事件，退出按钮也是一样的操作。当被点击时开始运行脚本实现场景跳转与退出，如图9-23所示。

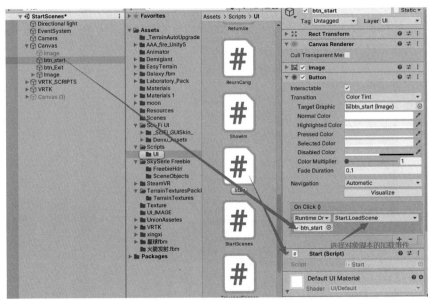

图9-23

### 8. 地球卫星场景、月球场景、太阳系场景返回

给场景的返回按钮添加"Button"组件，修改按钮点击与经过的显示效果，新建及挂载脚本"ReturnCang"，设置"Button"的"On Click"事件，选择"On Click"对象，点击后执行返回太空舱场景的脚本。具体代码如下。

```
using System.Collections;
using System.Collections.Generic;
using UnityEngine;
using UnityEngine.SceneManagement;
public class ReturnCang : MonoBehaviour
{
    public void LoadScene()
    {
        SceneManager.LoadScene(1);
    }
}
```

### 9. 选择观看与体验火箭发射场景的选择跳转

打开"Choose"场景，给体验火箭发射按钮添加"Tiyan"脚本，给观看火箭发射添加"Watch"脚本，并给两个按钮添加点击事件，选择场景加载的函数。具体代码如下。

```
Tiyan脚本：
using System.Collections;
using System.Collections.Generic;
using UnityEngine;
using UnityEngine.SceneManagement;
public class Tiyan : MonoBehaviour
{
    public void LoadScene()
    {
        SceneManager.LoadScene(7);
    }
}
Watch脚本：
public class Watch : MonoBehaviour
{
    public void LoadScene()
    {
```

```
        SceneManager.LoadScene(8);
    }
}
```

### 10. 火箭发射场景返回UI

打开火箭发射场景，添加并编辑返回上一个场景"ReturnSe"脚本，并挂载前往太空舱的"ReturnCang"脚本。

火箭发射场景
返回 UI

返回上一个场景脚本：

```
using System.Collections;
using System.Collections.Generic;
using UnityEngine;
using UnityEngine.SceneManagement;
public class ReturnSe : MonoBehaviour
{
    public void LoadScene()
    {
        SceneManager.LoadScene(3);
    }
}
```

### 11. 环形选择跳转场景

打开"MainScenes"场景，利用脚本控制旋转角度自动生成环形可选择的场景面片。右键在"3D Object"中找到并添加面片"Quad"，新建一个空物体"GameObject"，将"Quad"放到空物体"GameObject"下面，新建一个空文件夹，命名为"Prefab"，将"GameObject"拖到"Prefabs"下设置成预制体后删除，如图9-24所示。

环形选择
跳转场景

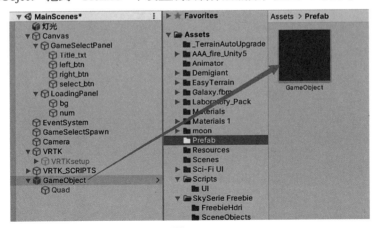

图9-24

　　新建一个空物体命名为"GameSelectSpawn"，创建一个同名的"C#"脚本，将脚本挂载到"GameSelectSpawn"上，实现生成场景面片预制体，以及左右按钮切换场景面片和场景名字的显示。双击打开编辑脚本，编写具体代码如下。

```csharp
using System.Collections;
using System.Collections.Generic;
using UnityEngine;
using DG.Tweening;
public class GameSelectSpawn : MonoBehaviour
{
    public static GameSelectSpawn Instance ;
    public Material[] m_GameItemMatArr;
    public GameObject go_GameItem;
    public int Index=0;
    private float m_Angle;
    private void Awake()
    {
        Instance = this;
        m_Angle = 360.0f / m_GameItemMatArr.Length;
        for(int i=0;i< m_GameItemMatArr.Length; i++)
        {
            GameObject go = Instantiate(go_GameItem, transform);
            go.transform.localEulerAngles = new Vector3(0, i * m_Angle, 0);
            go.GetComponentInChildren<MeshRenderer>().material= m_GameItemMatArr[i]; } }
    public void RotateForward()
    {
        Index++;
        if (Index>= m_GameItemMatArr.Length)
        {
            Index = 0;
        }
        transform.DORotate(new Vector3(0, -Index * m_Angle, 0), 0.3f);
    }
    public void RotateBack()
```

```
            {
                Index--;
                if (Index < 0) {
                Index = m_GameItemMatArr.Length-1;
                }
                transform.DORotate(new Vector3(0, -Index * m_Angle, 0), 0.3f);
            }
        }
    }
```

新建场景选择的面片材质球，"Albedo"选择对应的场景图片，其他材质球重复操作，只需改变图片就可，如图9-25所示。

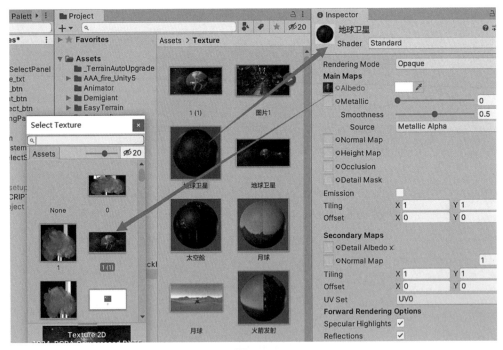

图9-25

选择所有面片的材质球及要生成的预制体添加到"GameSelectSpawn"面板的脚本中，如图9-26所示。

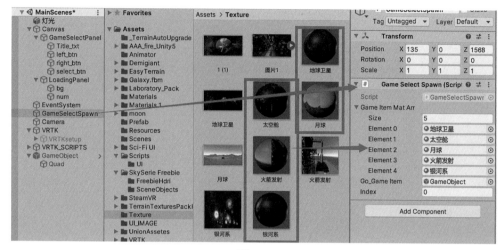

图9-26

选中"GameSelectPanel"，在其下面创建一个同名的脚本"GameSelectPanel"，设置按钮的点击事件，实现左右按钮的切换的UI交互以及场景面片的名字显示与出现选择的场景相对应的功能，在桌面新建文档，根据材质球的顺序输入场景名称，每个名称使用回车键分隔，导入后在项目文件中显示，打开文档，另存为编码UTF-8文件。新建一个文件命名为"Resources"，将场景项目文档放置到"Resources"下面，具体代码如下。

```
using System.Collections;
using System.Collections.Generic;
using UnityEngine;
using UnityEngine.UI;
public class GameSelectPanel : MonoBehaviour
{
    private Button left_btn;
    private Button right_btn;
    private Button select_btn;
    private Text Title_txt;
    private string[] m_GameNameArr;
    private void Awake()
    {
        ReadNameText();
        Init();
    }
```

```
    private void Update()
    {
      Title_txt.text = m_GameNameArr[GameSelectSpawn.Instance.Index];
    }
    private void ReadNameText()
    {
      TextAsset textAsset = Resources.Load<TextAsset>("场景项目");
      m_GameNameArr = textAsset.text.Split('\n');
}

    private void Init()
    {
      Title_txt=transform.Find("Title_txt").GetComponent<Text>();
      right_btn = transform.Find("right_btn").GetComponent<Button>();
      right_btn.onClick.AddListener
(() =>{
        GameSelectSpawn.Instance.RotateForward();
        });
      left_btn = transform.Find("left_btn").GetComponent<Button>();
      left_btn.onClick.AddListener
(() =>{
        GameSelectSpawn.Instance.RotateBack();
        });
      select_btn = transform.Find("select_btn").GetComponent<Button>();
      select_btn.onClick.AddListener
(() =>{
        LoadingPanel.Instance.LoadScene();
        });
    }
    }
```

### 12. 场景异步加载进度的显示

在 "Canvas" 下新建一个文件夹命名为 "LoadingPanel"，再添加 "Image"，命名为 "bg"，添加 "Text" 命名为 "num"，"bg" 选择加载的背景图片，"num" 输入数字 "0"。默认文件夹的缩放值改为 "0"，隐藏文件夹。新建一个同命名脚本 "LoadingPanel"，挂载到 "LoadingPanel" 上。具体代码如下。

场景异步加载进度的显示

```
using System.Collections;
using System.Collections.Generic;
using UnityEngine;
using DG.Tweening;
using UnityEngine.UI;
using UnityEngine.SceneManagement;
public class LoadingPanel : MonoBehaviour
{
    public static LoadingPanel Instance;
    private bool m_IsLoad = false;
    private AsyncOperation m_Ao;
    private int number = -1;
    public Text num;
    private void Awake()
    {
        Instance = this;
        transform.localScale = Vector3.zero;
    }
    public void LoadScene()
    {
        transform.DOScale(Vector3.one, 0.3f).OnComplete(() =>
        {
            StartCoroutine("Load");
        });
    }
    IEnumerator Load()
    {
        int dispalyProgress = -1;
        int toProgress = 100;
        while (dispalyProgress < toProgress)
        {
            dispalyProgress++;
            number++;
            num.text = number.ToString() + "%";
            if (m_IsLoad == false)
```

```
            {
                m_Ao = SceneManager.LoadSceneAsync(GameSelectSpawn.
Instance.Index);
                m_Ao.allowSceneActivation = false;
                m_IsLoad = true;
            }
            yield return new WaitForEndOfFrame();
        }
        if (dispalyProgress == 100)
        {
            m_Ao.allowSceneActivation = true;
            StopCoroutine("Load");
        }
    }
}
```

### 13. 太空舱星球UI的显示与隐藏

给各星球的名称按钮添加"ShowIm"脚本控制点击按钮后相应的简介卡片显示与隐藏，脚本加载完将简介卡片添加到脚本对象的插槽中。具体代码如下：

UI 和视频的显示
与隐藏

```
using System.Collections;
using System.Collections.Generic;
using UnityEngine;
using UnityEngine.UI;
public class ShowIm : MonoBehaviour
{
    public Image shows;//显示与隐藏的对象
    private int flag = 1;//判断条件
    public void showIM()
    {
        if (flag == 1)
        {
            shows.gameObject.SetActive(true);
            flag = 0;
        }
```

```
        else if (flag == 0)
        {
            shows.gameObject.SetActive(false);
            flag = 1;
        }
    }
}
```

**14. 视频的显示与隐藏**

给选择探索场景的按钮添加 "Act" 和 "场景跳转" 脚本，控制点击场景名称后，下面的子对象显示并播放视频，并给按钮添加点击事件，执行对应场景加载事件，其他两个重复操作，如图9-27所示。

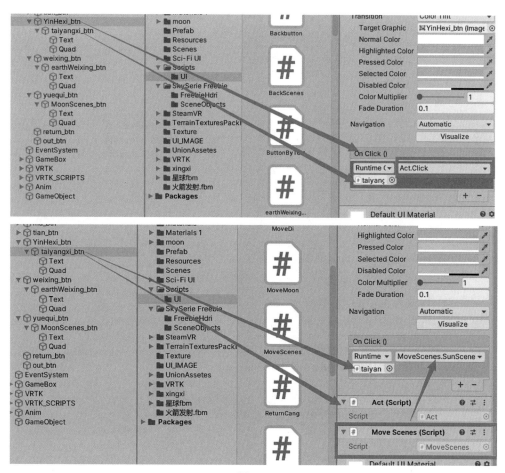

图9-27

具体代码如下。

```
Act脚本代码：
using System.Collections;
using System.Collections.Generic;
using UnityEngine;
using UnityEngine.UI;
public class Act : MonoBehaviour
{
private bool isClick = false;
public void Click()
    {
      if (isClick == false)
      {
        gameObject.SetActive(true);
        isClick = true;
      }
      else
      {
        gameObject.SetActive(false);
        isClick = false;
      }
    }
}
MoveScenes场景加载脚本代码：
using System.Collections;
using System.Collections.Generic;
using UnityEngine;
using UnityEngine.SceneManagement;
public class MoveScenes : MonoBehaviour
{
    public void SunScene()
{
      SceneManager.LoadScene(4);
    }
```

```
public void EarthScene()
{

    SceneManager.LoadScene(0);
}
public void MoonScene()
{

    SceneManager.LoadScene(2);
}
}
```

VRTK 射线漫游
和瞬移

#### 15．VRTK射线漫游

新建一个空物体，命名为"VRTK_SCRIPTS"，在其下面再创建一个空物体，命名为"ControllerRight"，添加如图9-28所示。

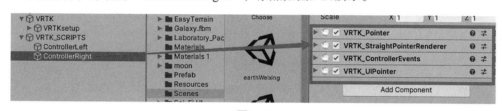

图9-28

展开"VRTK_Pointer"组件，将"VRTK_StraightPointerRenderer"，拖拽到"VRTK_Pointer"的"Pointer Renderer"中，设置完后复制一个"ControllerRight"命名为"ControllerLeft"。如图9-29所示。

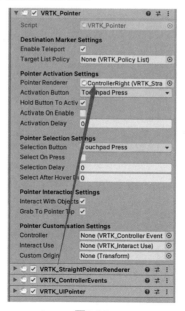

图9-29

新建一个空物体，命名为"VRTK"，搜索"SDK"添加"VRTK_SDK Manager"，并添加左右手柄到"Script Aliases"对应的插槽中，如图9-30所示。

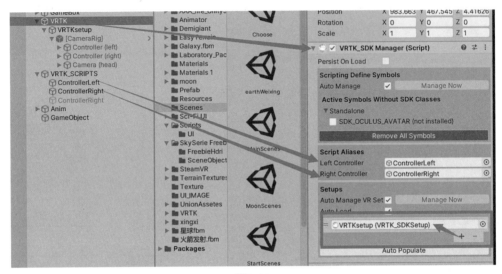

图9-30

在"VRTK"下新建空物体，命名为"VRTKsetup"，添加"VRTK_SDK Setup"组件，"SDK"选择"SteamVR"，并将"[CameraRig]"作为"VRTKsetup"的子物体；选择"VRTK"，点击"Inspector"下的"Auto Populate"，与"VRTKsetup"关联，如图9-31所示。

图9-31

添加VR摄像机。在"Steam VR"文件夹下的"Prefab"中找到"[CameraRig]"预制体，并添加到"VRTKsetup"下方，调整摄像机的位置，让"Canvas"的内容在视线屏幕的正中间。展开后将"Camera（head）"下面的"Camera（eye）"的视野(Far)改为"2000"，可根据实际情况而定，如图9-32所示。

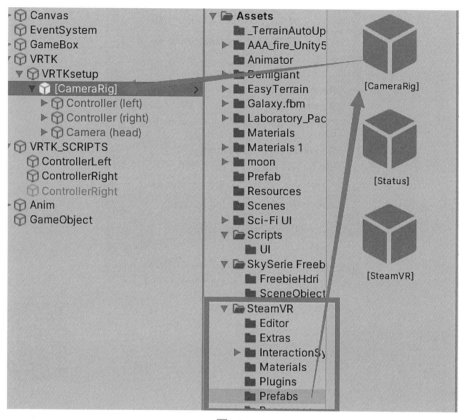

图9-32

### 16. VRTK射线瞬移

使用左手柄来控制射线瞬移，选择"VRTK_SCRIPTS"下的"ControllerLeft"手柄，将原来的组件更改为如图9-33所示。

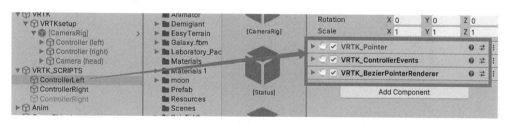

图9-33

展开"VRTK_BezierPointerRender"，设置"Layers"层级为"Ignore Raycast"，把可以瞬移的地面模型的层级"Layers"都设置为"Ignore Raycast"，让射线只与该层级的物品产生碰撞交互，防止墙壁天花板等物体也能瞬移，如图9-34所示。

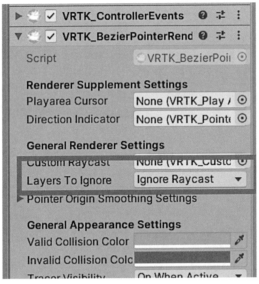

图9-34

### 9.2.5 案例发布

打开"文件"—"生成设置",点击"添加已打开场景",再点击"生成",如图9-35所示。

案例发布

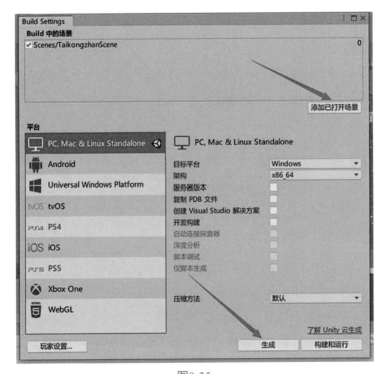

图9-35

发布效果图如图9-36、9-37所示。

图9-36

图9-37

# 第10章 VR空间站

## 10.1 案例简介

本案例利用Unity虚拟现实技术实现月球车展厅。通过学习制作本案例，开发者可以通过虚拟展厅了解月球车的组成，深入理解航天人在突破国家重大任务需求的科研经历，传递科研人员的价值取向和精神追求，激发探索航空航天的兴趣，树立远大的理想和抱负。

第10章配套资源

用户可以通过上VR头盔和利用手柄发出的射线，即可在展览馆中实现瞬移漫游和交互，在轻松的氛围下学习月球车的相关知识，让体验者身临其境感受月球车的魅力。

本案例开发用到的所有素材，均可从本章配套资源下载，如图10-1所示。

| 名称 | 修改日期 | 类型 | 大小 |
| --- | --- | --- | --- |
| UI | 2023/3/26 22:33 | 文件夹 | |
| 动画 | 2023/3/26 22:33 | 文件夹 | |
| 分解动画.fbx | 2023/3/26 22:33 | FBX 文件 | 15,241 KB |
| 介绍视频.mp4 | 2023/3/26 22:33 | MP4 文件 | 19,165 KB |
| 太空站场景.unitypackage | 2023/3/26 22:33 | Unity package file | 204,887 KB |
| 休眠动画.fbx | 2023/3/26 22:33 | FBX 文件 | 8,977 KB |

图10-1

## 10.2 案例实现

### 10.2.1 素材导入

**1. 模型素材**

本案例的制作需要用到太空站场景的资源包，点击资源包"太空站场景.unitypackage"导入即可添加到项目中。

**2. UI素材**

本案例制作需要用到的UI从本章配套资源的"UI"文件夹导入到项目中。导入

后选择所有的图片，将纹理类型改为"Sprite(2D和UI)"。

**3．视频素材**

本案例制作需要用到月球车介绍视频，点击资源包"介绍视频.mp4"导入即可添加到项目中。

**4．动画素材**

本案例制作需要用到月球车分解动画和休眠动画，点击资源包"分解动画.fbx"和"休眠动画.fbx"导入即可添加到项目中。

### 10.2.2　环境配置

环境配置请查阅第1章，此处不再赘述。

### 10.2.3　场景搭建

打开"Scenes"文件夹里的"TaikongzhanScenes"。选择"窗口"，打开"包管理器"，检测是否安装了"Universal RP"管线包，如果没有安装，则点击"unity"注册表，找到"Universal RP"并进行安装，如图10-2所示。

场景搭建

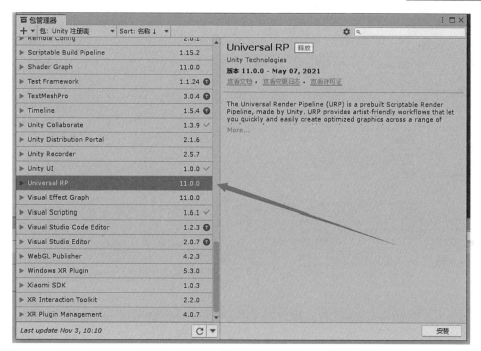

图10-2

打开"Settings"文件夹，右键"创建"—"渲染"—"Universal Render Pipeline"—"Pipeline Assets (Forward Renderer)"创建一个渲染管线文件，如图10-3所示。

图10-3　创建渲染管线文件

选择编辑，打开项目设置，在项目设置面板中选择图形，在可编写脚本的渲染管道设置选项中选中上一步创建的渲染管线文件，如图10-4所示。

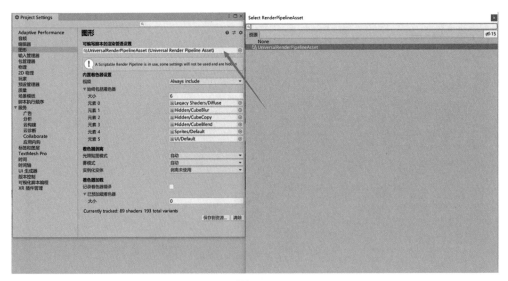

图10-4

打开"Settings"文件夹，选择新建的"Universal Render Pipeline Assets"文件，将光照里的"Per Object Limit"改为"0"，如图10-5所示。

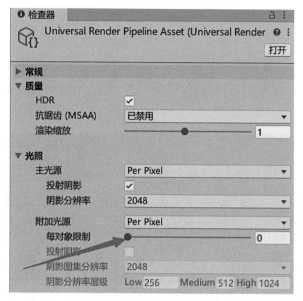

图10-5

## 10.2.4　功能实现

### 1. 发光效果

"创建"—"着色器"—"Universal Render Pipeline"—
"Lit Shader Graph"，如图10-6所示。

发光效果

图10-6

打开新创建的"Shader Graph"，添加"Texture2D"，并为"Texture2D"添加贴图，添加"Float"，将Mode改为"Slider"，Default改为"3"，Max改为"3"。添加"Color"，将默认颜色改为RGB（0，255，255），Mode改为"HDR"。

将"Texture2D"拖入面板，右键创建"Node"，搜索"SampleTexture2D"，创建到面板，再创建"Vector4"节点，然后将其连线，如图10-7所示。

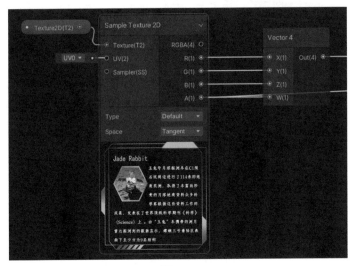

图10-7

创建两个"Multiply"节点，将"Color"和"Float"拖入面板，分别将其连上，如图10-8所示。

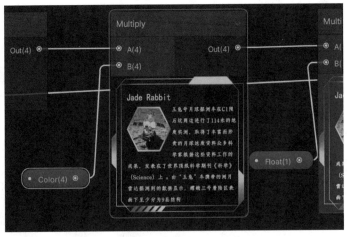

图10-8

创建"Add"节点，"A"连在"Multiply"节点的"Out"后面，"B"连在"SampleTexture2D"节点的"RBGA"后面，如图10-9所示。

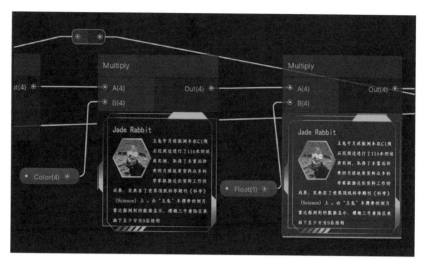

图10-9

创建"Multiply"节点，"A"连在"Add"节点的"Out"后面，"B"连在"SampleTexture2D"节点的"A"后面。再创建"Preview"节点，"In"连在"Multiply"节点的"Out"后面，"Out"连在"Fragment"的"Emission"，如图10-10所示。

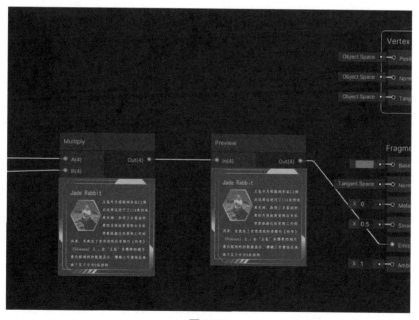

图10-10

右键创建一个材质球，打开材质球，修改"Shader"，选择"Shader Graphs"，再选择上面创建的"Shader Graph"，如图10-11所示。

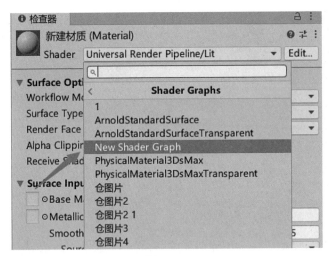

图10-11

在场景创建一个立方体，修改合适的大小，将材质球赋予它。删除场景中的"Camera"，打开文件夹"SteamVR"——"Prefabs"，将里面的"[CameraRig]"预制体拖进场景，如图10-12所示。

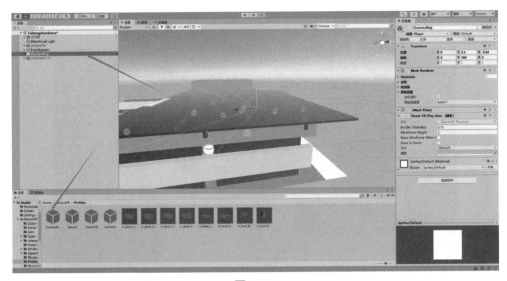

图10-12

打开"窗口"——"SteamVR Input"，点击"Save and generate"，分别为"[CameraRig]"下的"Controller(left)"和"Controller(right)"添加组件"Steam VR_Laser Pointer"，并分别将"Controller(left)"和"Controller(right)"拖入"Steam VR_Laser Pointer"下的动作里，如图10-13所示。

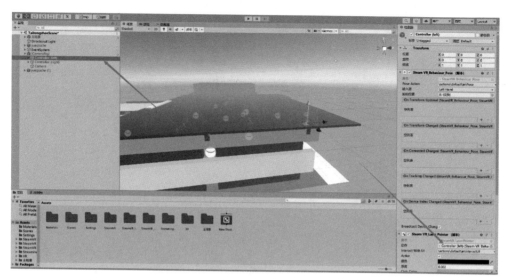

图10-13

## 2．UI弹出

打开"Steam VR_Laser Pointer"脚本，添加代码如下。

UI 弹出

```
public GameObject JieshaoButton;
public GameObject Jieshao;
private void Gongneng(RaycastHit hit)
{
    if (hit.collider.name == JieshaoButton.name)//获取介绍按钮
    {
        if (Jieshao.activeInHierarchy)//判断介绍UI的状态
        {
            Jieshao.SetActive(false);//介绍UI隐藏
        }
        else
            Jieshao.SetActive(true);//介绍UI显示
    }
}
```

创建"UI"—"画布"，将画布的渲染模式改为"世界空间"，在"Canvas"下创建"UI"—"按钮和图像"，修改合适的大小和位置，将按钮的文本删除，名字分别改为"JieshaoButton"和"Jieshao"，按钮的源图像选择简介，图像的源图像选择介绍，如图10-14所示。

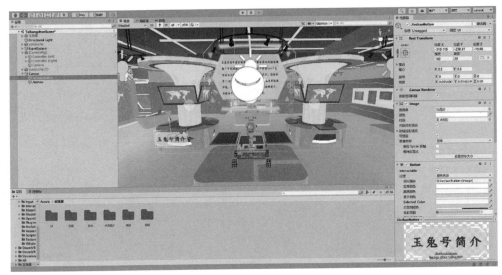

图10-14

　　将"Jieshao"旁边的单选框取消勾选,为"JieshaoButton"添加盒状碰撞器,并调整合适大小,如图10-15所示。

图10-15

　　将"JieshaoButton"和"Jieshao"拖入"Steam VR_Laser Pointer"脚本的"JieshaoButton"和"Jieshao"。

月球车休眠

### 3. 月球车休眠

　　将休眠动画模型拖进场景,并修改合适的大小和位置,展开休眠动画模型,选中所有的物体,修改它们的材质为玉兔月球车2,如图10-16所示。

　　创建动画器控制器"xiumian",双击"xiumian"动画器控制器,右键创建"状态"—"空",展开休眠动画模型,将"CINEMA_4D"拖入控制器,创建过渡,单击"New State"状态,将"New State"—"CINEMA_4D的solo"单选框打钩,如图10-17所示。

　　在"xiumian"动画器控制器参数里添加"bool"播放动画,点击过渡线,在"New State"—"CINEMA_4D"线的"Conditions"下点击加号选择播放动画为"true",在"CINEMA_4D"—"New State"线的"Conditions"下点击加号选择播放动画为"false",如图10-18所示。

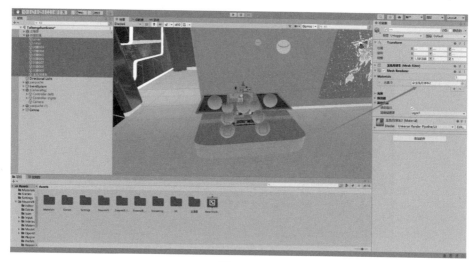

图10-16

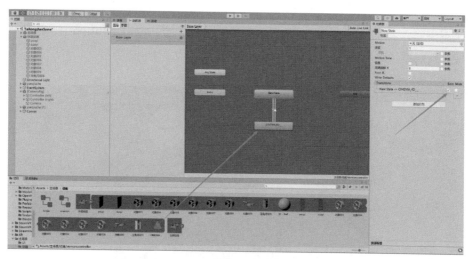

图10-17

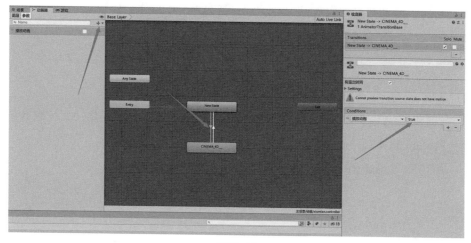

图10-18

在场景的休眠动画里添加"Animator"组件，将"xiumian"动画器控制器拖入"Animator"组件的控制器，如图10-19所示。

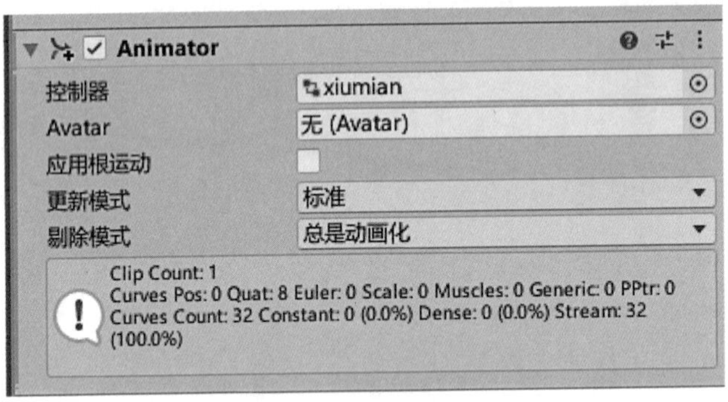

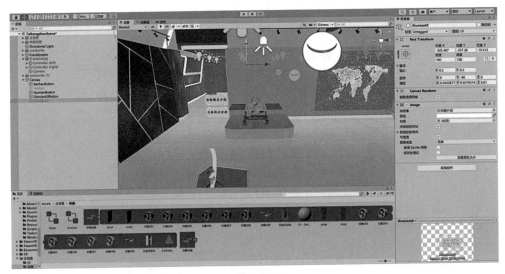

图10-19

在"Canvas"下创建两个"UI"—"按钮"，修改合适的大小和位置，将按钮的文本删除，名字分别改为"XiumianButton"和"XiumianUIButton"，按钮的源图像分别选择休眠和模式介绍,并添加盒状碰撞器，如图10-20所示。

图10-20

再创建"UI"—"图像"，名字改为"XiumianUI"，源图像选择休眠介绍，并将"XiumianUI"的显示单选框取消勾选。

打开"Steam VR_Laser Pointer"脚本，添加如下代码。

```
public GameObject XiumianButton;
public GameObject XiumianUIButton;
public GameObject XiumianUI;
public GameObject XiumianDonghua;
private void Gongneng(RaycastHit hit)
{
    if (hit.collider.name == XiumianButton.name)//获取休眠动画按      钮
    {
        //播放休眠动画
        XiumianDonghua.GetComponent<Animator>().SetBool("播放动画",
true);
    }
    if (hit.collider.name == XiumianUIButton.name)
    {
        //暂停休眠动画
        XiumianDonghua.GetComponent<Animator>().SetBool("播放动画",
false);
    }
    if (hit.collider.name == XiumianUIButton.name)//获取UI按钮
    {
        if (XiumianUI.activeInHierarchy)
        {
            XiumianUI.SetActive(false);
        }
        else
        XiumianUI.SetActive(true);
    }
}
```

将"XiumianButton""XiumianUIButton""XiumianUI"拖入"Steam VR_
Laser Pointer"脚本的"XiumianButton""XiumianUIButton""XiumianUI"里，
将休眠动画拖入"Steam VR_Laser Pointer"脚本的"XiumianDonghua"，如图
10-21所示。

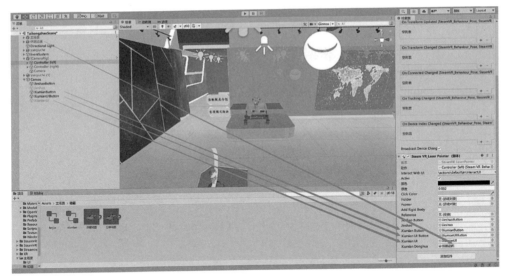

图10-21

### 4．月球车分解

将分解动画模型拖进场景，并修改合适的大小和位置，展开分解动画模型，选中所有的物体，修改它们的材质为"玉兔月球车2"，如图10-22所示。

月球车分解

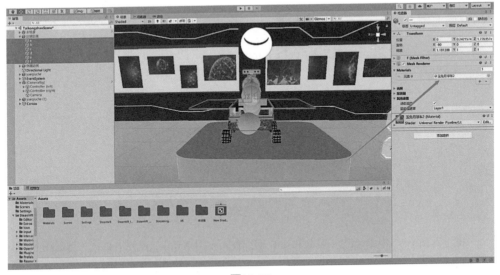

图10-22

创建动画器控制器"fenjie"。双击"fenjie"动画器控制器，右键创建"状态"—"空"，展开分解动画模型，将"CINEMA_4D"拖入控制器，创建过渡，单击"New State"状态，将"New State"—"CINEMA_4D的solo"单选框打钩，如图10-23所示。

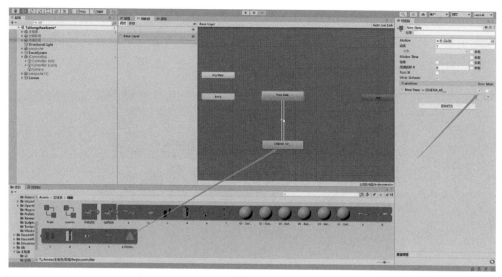

图10-23

在"fenjie"动画器控制器参数里添加"bool"分解动画,点击过渡线,在"New State"—"CINEMA_4D"线的"Conditions"下点击加号选择分解动画为"true",在"CINEMA_4D"—"New State"线的"Conditions"下点击加号选择分解动画为"false",如图10-24所示。

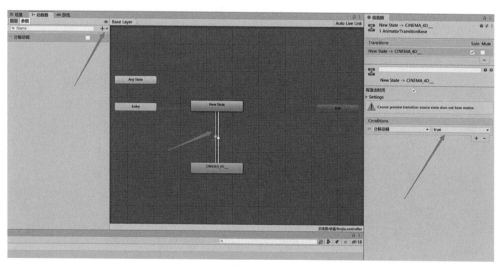

图10-24

在场景的分解动画里添加"Animator"组件,将"fenjie"动画器控制器拖入"Animator"组件的控制器。

在"Canvas"下创建两个"UI"—"按钮",修改合适的大小和位置,将按钮的文本删除,名字分别改为"FenjieButton"和"FeijieUIButton",按钮的源图像分别选择拆解和组件,并添加盒状碰撞器。

再创建4个"UI"—"图像"，源图像分别选择太阳翼、通讯天线、红外线成像光谱仪、行走系统，将后3个图像拖到第1个图像作为它的子物体，修改名字为"FenjieUI"，并将"FenjieUI"的显示单选框取消勾选，如图10-25所示。

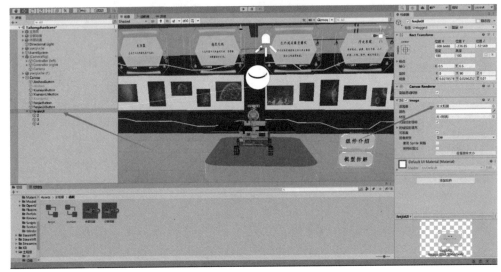

图10-25

打开"Steam VR_Laser Pointer"脚本，添加如下代码。

```
public GameObject FenjieButton;
public GameObject FenjieUIButton;
public GameObject FenjieUI;
public GameObject FenjieDonghua;
private void Gongneng(RaycastHit hit)
{
    if (hit.collider.name == FenjieButton.name)//获取分解动画按钮
    {
    //播放分解动画
        FenjieDonghua.GetComponent<Animator>().SetBool("分解动画",
true);
    }
        if (hit.collider.name == FenjieUIButton.name)
        {
            if (FenjieUI.activeInHierarchy)
            {
```

```
            FenjieUI.SetActive(false);
        }
        else
            FenjieUI.SetActive(true);
        }
    }
}
```

将FenjieButton、FenjieUIButton、FenjieUI拖入Steam VR_Laser Pointer脚本的FenjieButton、FenjieUIButton、FenjieUI里，将分解动画拖入Steam VR_Laser Pointer脚本的FenjieDonghua，如图10-26所示。

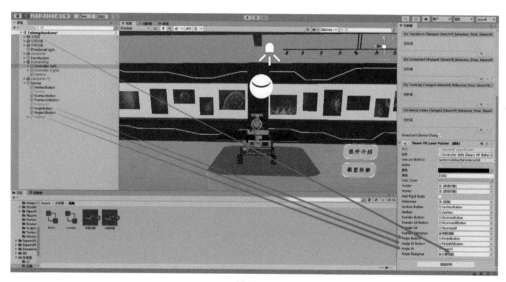

图10-26

### 5. 音频功能

在放视频的文件中新建一个渲染器纹理。大小设置为1280×720，在"Canvas"下面新建一个原始图像，命名为"Shipin"，点选"Shipin"，在"inspector"里面找到"Raw Image"选项并打开，在纹理选项里选择前面新建的渲染器纹理，然后添加组件找到"video player"选项添加并打开，在源中选择视频剪辑，在视频剪辑中选择介绍视频，如图10-27所示。

音频功能

点选"Shipin"，到"video player"选项的唤醒时播放单选框取消勾选，目标纹理选择"新建的渲染器纹理"，如图10-28所示。

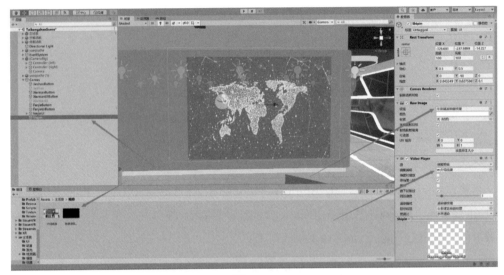

图10-27

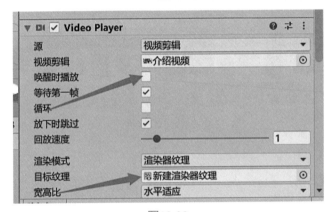

图10-28

在"Canvas"下创建两个"UI"——"按钮",修改合适的大小和位置,将按钮的文本删除,名字分别改为"BofangButton"和"ZantinButton",按钮的源图像分别选择播放和暂停,并添加盒状碰撞器,打开"Steam VR_Laser Pointer"脚本,添加"using UnityEngine.Video"的引用,并添加如下代码。

```csharp
public GameObject BofangButton;
public GameObject ZantinButton;
public GameObject Shipin;
private void Gongneng(RaycastHit hit)
{
    if (hit.collider.name == BofangButton.name)
    {
```

```
        Shipin.GetComponent<VideoPlayer>().Play();
    }
    if (hit.collider.name == ZantinButton.name)
    {
        Shipin.GetComponent<VideoPlayer>().Pause();
    }
}
```

将"BofangButton""ZantinButton"分别拖入"Steam VR_Laser Pointer"脚本的"BofangButton""ZantinButton"里，将"Shipin"拖入"Steam VR_Laser Pointer"脚本的"Shipin"里，如图10-29所示。

图10-29

### 6. 场景漫游

选中地面模型，将它的命名改为"dimian"，并添加盒状碰撞器，如图10-30所示。

场景漫游

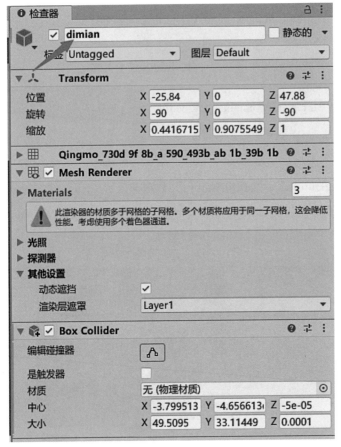

图10-30

选中"[CameraRig]"，为它添加"Player"的标签。打开"Steam VR_Laser Pointer"脚本，添加如下代码。

```
public GameObject dimian;
  private void Gongneng(RaycastHit hit)
  {
     if (hit.collider.name == dimian.name)
     {
     GameObject.FindGameObjectWithTag("Player").transform.position
=hit.point;
        print(hit.point);
     }
  }
```

将地面分别拖入"Steam VR_Laser Pointer"脚本的"dimian"里，如图10-31所示。

图10-31

### 10.2.5　案例发布

打开"文件"—"生成设置"，点击"添加已打开场景"，再点击"生成"，如图10-32所示。

案例发布

图10-32

发布效果图如图10-33、10-34所示。

图10-33

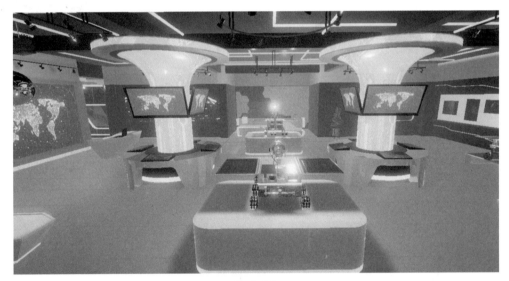

图10-34

# 参考文献

[1] 吕云. 虚拟现实——理论、技术、开发与应用[M]. 北京：清华大学出版社，2019.

[2] 胡小强. 虚拟现实技术与应用[M]. 北京：北京邮电大学出版社，2021.

[3] 张丽霞. 虚拟现实技术[M]. 北京：清华大学出版社，2021.

[4] 杜亚南. Unity 2020游戏开发基础与实战[M]. 北京：人民邮电出版社，2021.

[5] 马遥. Unity 3D 完全自学教程[M]. 北京：电子工业出版社，2019.

[6] 金玺曾. Unity 3D\2D手机游戏开发[M]. 北京：清华大学出版社，2019.

[7] 李婷婷. Unity AR增强现实开发实战[M]. 北京：清华大学出版社，2020.

[8] 李婷婷. Unity VR虚拟现实游戏开发[M]. 北京：清华大学出版社，2021.

[9] 王寒. Unity AR/VR开发[M]. 北京：机械工业出版社，2021.

[10] 乔纳森·林诺维斯. Unity虚拟现实开发实战[M]. 北京：机械工业出版社，2020.